本书由国家科技图书文献中心专项资助

面向国家重点研发计划的专题服务系列丛书

主　编：刘细文
副主编：靳　茜　王　丽　马晓敏

Analysis of Research Trend of Nano Energy Technology

纳米能源技术研究态势分析

纳米能源技术研究态势分析研究组 编著
组长：张迪　副组长：迟培娟　组员：李宜展 陈欣

電子工業出版社
Publishing House of Electronics Industry
北京・BEIJING

内 容 简 介

本书对美国、欧盟、日本、中国的纳米能源相关战略部署和项目规划进行了调研；对纳米能源领域的重点研究前沿进行遴选和解读分析，以期呈现纳米能源领域的研究热点和趋势；利用专利数据对纳米光伏、纳米电极、纳米发电机、资源小分子纳米催化剂四个主题方向进行了技术研究态势分析，以期对我国的纳米能源技术发展提供有益的参考。

本书适合政府科技管理部门、科研机构管理部门、科技战略研究人员，以及纳米科技和能源科技领域的研究人员阅读参考。

图书在版编目（CIP）数据

纳米能源技术研究态势分析/纳米能源技术研究态势分析研究组编著. —北京：电子工业出版社，2019.5

（面向国家重点研发计划的专题服务系列丛书）

ISBN 978-7-121-36313-9

Ⅰ. ①纳…　Ⅱ. ①纳…　Ⅲ. ①纳米技术－应用－能源工业－研究－世界　Ⅳ. ①TK01

中国版本图书馆 CIP 数据核字（2019）第 068275 号

策划编辑：徐蕾薇
责任编辑：米俊萍　　特约编辑：穆丽丽
印　　刷：北京虎彩文化传播有限公司
装　　订：北京虎彩文化传播有限公司
出版发行：电子工业出版社
　　　　　北京市海淀区万寿路 173 信箱　　邮编：100036
开　　本：720×1 000　1/16　印张：15.25　字数：200 千字
版　　次：2019 年 5 月第 1 版
印　　次：2024 年 1 月第 3 次印刷
定　　价：88.00 元

凡所购买电子工业出版社图书有缺损问题，请向购买书店调换。若书店售缺，请与本社发行部联系，联系及邮购电话：（010）88254888，88258888。

质量投诉请发邮件至 zlts@phei.com.cn，盗版侵权举报请发邮件至 dbqq@phei.com.cn。

本书咨询联系方式：xuqw@phei.com.cn。

编委会

前 言

纳米科技（Nanotechnology）是用单个原子、分子制造物质的科学技术，其主要研究结构尺寸为1～100纳米的材料的性质和应用。纳米材料是未来社会发展极为重要的物质基础，是构建二维和三维复杂功能纳米体系的单元，在此基础上产生了许多纳米新器件和功能器件。许多科技新领域的突破迫切需要纳米科技的支撑，传统产业的技术提升也急需纳米科技的支持，纳米科技对许多领域都将产生极大的冲击和影响。目前，纳米科技的应用领域出现了几个热点：能源领域、纳米医学领域、电子信息领域、环境领域、加工领域等。

能源问题是当今世界关注的重要问题，优化能源供给方式一直是人类生存和发展的重要议题。改善传统能源供给模式、开发新的可再生能源才能满足全球日益增长的能源需求。作为一项跨学科的技术，纳米技术的突破也一直不断地带来能源领域的研究突破。纳米技术能够应用到能源资源、能源转化、能源存储等多个环节中。对能源资源来说，纳米技术可以提供必要的改善潜力；对能源转化来说，纳米技术可以提高转化效率；对能源存储来说，纳米技术可以改进电能储能装置。目前，纳米技术已经在能源资源、能源转化、能源存储、能源利用等多个环节开花结果，取得了众多重要的科学研究成果。

为继续保持我国在纳米科技国际竞争中的优势，并推动相关研究成果的转化应用，按照《国家中长期科技发展规划纲要（2006—2020年）》的部署，科技部会同有关部门编制了“纳米科技”重点专项实施方案，部署了纳米科技重点专项任务，总体目标是获得重大原始创新和重要应用成果，提高自主创新能力及研究成果的国际影响力，力争在若干优势领域，如纳米尺度超高分辨表征技术、新型纳米信息材料与器件、纳米能源与环境技术、纳米结构材料的工业化改性、新型纳米药物的研发与产业化等率先取得重大突破。其中，纳米能源领域是项目部署的一个重要关注点。纳米能源科技作为纳米科技领域的重点任务，是纳米技术发展和能源科技发展的重要推动力。

科技的创新需要具有科学战略眼光的超前决策部署、适当且稳定的引导和支持、长期的努力探索和积累，这样才能在发展中不断寻求新的突破。因此，围绕纳米能源领域前沿科学技术，开展对国际先进国家在纳米能源领域的科技政策、研究前沿、技术研究态势等情报信息的调研与分析，为决策管理层面和技术研发层面提供情报支撑，对我国实现纳米能源领域的重大原创性突破具有非常重要的意义。

本书是国家科技图书文献中心（NSTL）支持的研究成果。

本书选取典型的纳米能源技术领域，即纳米光伏技术、纳米电极技术、纳米发电机技术和资源小分子纳米催化剂技术领域进行技术研究态势分析；通过调研美国、欧盟、日本等发达国家及中国的纳米能源相关战略部署和项目规划，对纳米能源的全球科技政策进行分析；对纳米能源领域的重点研究前沿进行遴选和解读分析，以期呈现纳米能源领域的研究热点和趋势。

纳米能源技术研究态势分析研究组

2018年9月

目 录

第 1 章 科技政策

纳米科技是 21 世纪国际最重要的前沿科技领域之一，对世界各国社会和经济的发展起到引领作用，其科技成果已经应用于信息、生物、医药、能源、环境、航空航天及国家安全等各个方面。世界科技强国纷纷将纳米科技作为国家重要的发展战略，制定了一系列科技发展政策。能源领域作为纳米科技的重要应用领域，各国战略规划都部署了相关的政策内容。

1.1 美国纳米能源科技政策

美国非常重视纳米科技的发展，从 20 世纪 90 年代起就在国家层面对纳米技术的研发进行了一系列政策引导和支持。纳米技术于 1991 年纳入美国“国家 22 项关键技术”和“2005 年的战略技术”。1996 年，美国国家科学基金会开展了对全球范围内纳米科技的调研。在这项工作的基础上，1998 年，美国成立了纳米技术机构间工作组（Interagency Working Group on Nanotechnology，IWGN），隶属于科技政策办公室国家科学技术委员会（NSTC），负责制定有关纳米技术的长期战略计划，以及分析纳米技术国际发展趋势和美国政府在该领域的科研投资。2000 年 1 月，时任美国总统克林顿在加州理工学院宣布启动国家纳米技术计划（NNI），将其与“21 世纪信息技术战略”并列为优先的重点研究开发领域。同年，纳米科学、工程和技术委员会（NSET）成立，接替 IWGN 行使相关职能。2000 年 10 月，美国国家纳米技术计划（NNI）正式实施。该计划包括基础研究、重大挑战、研究中心和基础设施建设，以及伦理、法律和社会影响力的研究。2001 年，美国成立了 NNI 对外联络部门国家纳米技术协调办公室（National Nanotechnology Coordination Office，NNCO），负责向 NSET 提供技术和行政支持，包括：准备计划书、预算和评估文件，开发和维护 NNI 的网站（www.nano.gov），代表 NNI 对外发声，提供技术的早期应用、创新成果和专业意见等。自美国国家纳米技术计划实施后，美国的纳米科技活动几乎都是以 NNI 为主体核心开展的。

作为支持纳米研究的政府机构协调机制，NNI 本身并不直接资助具体的研究或项目，而是由每个参与机构在这一协调框架下投资具体的项目和计划，完成自己的使命和研究任务。NNI 本身也发挥了加快纳米技术开发和部署、可持续地产生经济效益、提高人民生活质量、促进国家安全等作用。在这一框架下，主要发挥协调作用的是国家科学技术委员会（NSTC）的纳米科学、工程和技术委员会（NSET）[包括国防部（DOD）、能源部（DOE）、国土安全部（DHS）、司法部（DOJ）、交通部（DOT）、农业部（USDA）、商务部（DOC）、国务院（DOS）、财政部（DOTreas）、教育部（ED）、劳工部（DOL）及环境保护署（EPA）、美国国家卫生研究院（NIH）、美国国家航空航天局（NASA）、美国国家标准与技术研究所（NIST）、美国国家科学基金会（NSF）、美国核管理委员会（US NRC）、国家职业安全与健康研究所（NIOSH）、消费品安全委员会（CPSC）、食品和药物管理局（FDA）、情报技术创新中心（ITIC）、国际贸易委员会（ITC）、美国专利商标局（USPTO）、管理和预算办公室（OMB）及科技政策办公室（OSTP）]。通过 NSET 和 NNI 的其他下属机构的运作来实现该计划的总体目标。

纳米能源领域是 NNI 关注的重要方向之一，其在 2010 年以前公布的 3 个纳米技术签名举措（Nanotechnoloyg Signature Initiatives，NSIs）为太阳能、可持续制造和下一代电子产品，2013 年又补充了 2 个 NSIs，分别为信息技术和传感器，其中不乏纳米能源技术相关的内容。下面简要梳理 2014 年以来 NNI 在纳米能源领域的研发支持举措和重点研究内容。

1. 2014—2015 年

2014 年，NNI 制定了 4 个目标：①推进世界级纳米技术研发项目；②促进新技术向商业产品和公益产品转化；③培养专业人才、维护培训资源、完善基础设施，促进纳米技术发展；④支持纳米技术负责任地开发。目标①指出，“进一步扩大研发计划和技术开发的内容，确保美国在纳米技术研发领域的领先地位，在生物学、化学、工程、材料科学和物理学等学科的交叉领域着力，培育对航天、农业、能源、环境等众多领域产生重大影响的潜力。”

在这些目标的指引下，美国商务部经济发展局（EDA）支持纳米技术相关领域的创新，重点关注增材制造、能源、绿色增长等方向。美国国家标准与技术研究所优先协调纳米技术、纳米制造和能源，以及纳米材料在环境、健康和安全等众多领域的技术研究。

美国能源部认为，纳米技术在解决国家面临的能源和气候变化挑战方面发挥着极其重要的作用。这个广泛和多样化的研发领域可能会对太阳能收集和转换、能源储存、替代燃料和能源效率的未来技术产生巨大的影响。能源部的投资内容包括对基本现象和过程的研究、工程纳米材料（ENM）、纳米技术设备和主要研究设施。

美国国务院积极参与 NNI，以推动和支持美国外交政策目标的多边和双边科学活动，保护国家安全利益，促进经济利益和环境保护。纳米技术在解决与环境、能源和卫生相关的全球挑战方面具有巨大的潜力。

美国交通部创新材料和涂料的开发，以提高公路和运输基础设施部件的寿命、性能和弹性。这些技术的发展可能使传统基础设施材料具备多功能特性，如具备产生或传输能量的能力。

美国情报部门内部有涉及纳米技术研发的机构，如国家侦察办公室（NRO）的一项研发计划重点关注纳米电子学、纳米材料及使用纳米技术的能源发电和存储。

美国国家航空航天局的3个主要研究动力来源于减轻车辆重量，提高车辆性能，提高安全性、耐久性和可靠性。它所关注的与纳米技术相关的研究方向主要是：工程材料和结构，能源发电、存储和分配，电子传感器及推进设备。

美国农业部国家食品农业研究所（NIFA）将全球粮食安全、气候变化、可持续生物能源、儿童肥胖问题和食品安全列为优先领域。纳米技术在植物生产、可再生生物能源和生物制品等相关领域显示出了极大的潜力。NIFA 纳米技术计划支持农业生物纳米材料和增值产品，以在提高国民经济水平的同时寻求提供新能源的创新技术。

在 2015 财年的研发领域中，NSIs 将基于纳米技术的太阳能收集和存储研究列为第一个领域，认为需要增强对纳米级能量转换和存储现象的理解；改善与太阳能相关的电子性质的纳米尺度表征；利用纳米尺度上出现的独特物理现象克服当前的材料性能障碍，并大大改善太阳能的收集和转换能源。其主要推动以下 3 个领域的发展：

①改善光伏太阳能发电；②改善太阳能-热能发电和转换；③改善太阳能与燃料的转换。参与此项目合作的机构包括美国商务部、国防部、能源部、情报部门、国家航空航天局、国家科学基金会和农业部。

表 1.1 列出了 2013—2015 年 NNI 在纳米技术领域对美国联邦机构的投资预算，包括 NSIs 的投资。2013 年，NNI 实际投资 15.5 亿美元，2014 年的估值和 2015 年的预算略有下降。2015 年，对 NIH、NSF、DOE 的投资最多，分别占总额的 28.7%、26.8%、22.3%。

表 1.1　2013—2015 年 NNI 投资预算

部　门	2013 年实际（百万美元）	2014 年估值（百万美元）	2015 年预算（百万美元）
CPSC	1.3	2.0	2.0
DHS	14.0	24.0	32.4
DOC/NIST	91.4	97.8	82.6
DOD	170.1	175.9	144.0
DOE	314.2	303.3	343.1
DOT/FHWA	2.4	2.0	1.5
EPA	14.6	15.5	16.8
FDA	16.1	17.0	17.0
NIH	458.8	441.5	441.5
NIOSH	10.5	11.0	11.1
NASA	16.4	17.9	13.7
NSF	421.0	410.6	412.4
ARS	2.0	2.0	2.0
FS	5.0	4.0	4.0
NIFA	12.5	13.1	12.8
共计	1550.3	1537.6	1536.9

2. 2016—2017 年

在新的阶段，NNI 的 4 个基本目标没有改变，在关注和支持基础研究的基础上，进一步推动纳米技术的应用，构建纳米技术体系，将实验发现转向市场。2015 年，对已有的 5 个 NSIs 审查评估发现，纳米技术和太阳能技术领域已经形成了强大且可持续的研发体系，不再需要 NSI 给予额外的重点支持，“基于纳米技术的太阳能捕获和转化”任务已经完成。但在众多机构的计划和举措中，仍可以发现纳米能源研究的身影。例如，国家标准与技术研究所优先实施纳米材料、纳米制造和能源，以及纳米技术在环境、健康和安全性研究等领域的协调和部署。

能源部的 NNI 投资计划大部分由科学办公室（SC）制定，重点关注基本现象和过程的研究，包括：用于下一代电池和燃料电池的电子及离子运输纳米结构材料；用于未来能源技术的纳米尺度量子材料；对纳米尺度缺陷的基本了解，并在此基础上设计具有优异机械性能和耐辐射性的材料；阐明纳米结构材料和化学系统中光吸收、电荷分离及电荷传输的基本步骤，提高太阳能转换的效率；研究用作分子电催化剂的原子级精密材料，有效将电能转化为化学能；提高分子和纳米尺度化学及地球化学过程模拟的计算能力。

交通部联邦公路管理局（FHWA）看到了复杂异质材料的纳米尺度表征新方法的应用前景，其可以支持多尺度建模，加深对材料全生命周期中相互作用的了解，从而减少材料的用量及建筑过程和维护中所需要的能源。

表 1.2 列出了 2016—2017 年 NNI 在纳米技术领域对美国联邦机构的投资预算。2015 年，NNI 实际投资 14.9 亿美元，2016 年的估值略有下降，2017 年的预算较 2016 年有所回升，但未达到 2015 年的水平。2017 年，对 NSF、NIH、DOE 的投资最多，分别占总额的 28.7%、26.5%和 25.1%。

表 1.2 2016—2017 年 NNI 投资预算

部 门	2015 年实际（百万美元）	2016 年估值*（百万美元）	2017 年预算（百万美元）
CPSC	2.0	2.0	4.0
DHS	28.4	21.0	1.5
DOC/NIST	83.6	79.5	81.8
DOD	143.0	133.8	131.3
DOE**	312.5	330.4	361.7
DOT/FHWA	0.8	1.5	1.5
EPA	15.1	13.9	15.3
FDA	10.8	12.0	11.4
NIH	364.0	382.0	382.0
NIOSH	11.0	11.0	11.0
NASA	14.3	11.0	6.1
NSF	489.8	415.1	414.9
ARS	3.0	3.0	3.0
FS	4.6	4.5	4.0
NIFA	13.5	14.0	14.0
共计	1496.4	1434.7	1443.5

注：*基于 2016 年计划水平，可能随着运营计划的结束而变化。

** DOE 的资助包括科学办公室、能源效率和可再生能源办公室（DOE-EERE）、化石能源办公室和高级研究计划局（ARPA-E）的综合预算。

1.2 欧盟纳米能源科技政策

欧盟及其成员国十分重视纳米科技，欧盟在第七框架计划（FP7）和“地平线 2020”计划下重点实施了若干与纳米技术相关的研究计划和重点项目，“地平线 2020”计划明确提出纳米科技是欧盟保持工业技术领军地位的支柱之一。除了欧盟的整体计划，欧盟主要成员国也纷纷制定了本国的纳米研究计划和相关战略。例如，挪威发布了“国家纳米科研计划”，德国发布了“纳米技术行动计划 2020”，英国发布了《促进增长的创新与研究战略》，其中，纳米能源技术是欧盟和各成员国部署的研发重点。

欧盟于 2013 年 1 月启动了石墨烯旗舰研究项目，该项目运行时间为 10 年，总投资为 10 亿欧元。石墨烯旗舰研究项目分为 2 个阶段：先在欧盟第七框架计划下运行 30 个月，然后在“地平线 2020”计划下运行，资助总额预计超过 4 亿欧元。2014 年 2 月初，石墨烯旗舰研究项目发布了石墨烯各应用领域的科技路线图，主攻方向涉及 13 个重点领域，包括标准化、生物传感器与生物界面、薄膜技术、面向能源应用的催化剂、与半导体器件集成、新的层状材料和异质结构、硅光子学集成、石墨烯和相关二维晶体及杂化系统原型研究等。

2016 年 7 月，欧盟发布了“2016—2017 年地平线 2020 纳米技术和先进材料领域重点资助项目计划”，与纳米能源相关的重点资助如下。

（1）先进材料和纳米技术在高附加值产业的应用，研发能源关键原材料，以替代用于永磁体的重稀土元素、用于储能的关键原材料、作为催化剂用于发电的关键原材料和在光伏电池中使用的关键原材料。

（2）能源应用领域的尖端材料和纳米技术，具体包括高效利用太阳能的尖端材料、将存储技术集成至电网中的尖端材料、“电力–化学”技术中具备成本效益的材料、用于优化二氧化碳捕获技术的高性能材料。

挪威政府的科研白皮书中将纳米科学列为该国重点研发的优先领域之一。2012 年，挪威研究理事会宣布开始实施面向未来十年的

“国家纳米科研计划”（NANO 2021 Programme），即 2012—2021 年的纳米科学、纳米技术、微技术和先进材料的国家科研规划，投资额度为每年 9300 万挪威克朗，该计划为纳米领域的科研课题、重点和优先发展方向制定了框架性的国家战略。挪威将在已完成纳米技术和新材料计划“NANOMAT”的基础上，集中科研力量应对人类在能源、环境、食品和海洋领域不断消耗自然资源的社会挑战。

德国自 2006 年开始每五年制定一次“纳米行动计划”，2016 年 9 月开始实施第三个计划——“纳米技术行动计划 2020”。该计划确定了 2016—2020 年联邦政府相关部门在纳米技术领域的合作，将纳米技术瞄准德国新高技术战略的优先任务领域，目的是进一步充分利用纳米技术的机遇和潜力，利用研究成果的有效转化提高德国企业的竞争力，通过对纳米材料的安全性研究保证纳米技术对可持续发展的贡献。未来联邦政府的纳米技术研究将致力于解决德国新高技术战略中确立的 6 个优先任务，具体包括纳米技术在数字经济与社会、可持续经济与能源、创新工作环境、健康、智能交通和公民安全领域的应用。其中，在可持续经济与能源领域，重点开发纳米技术在能源、建筑、农业和食品领域的应用，并通过效益-风险评估，研究纳米材料的使用对人类和环境可能造成的影响。在智能交通领域，重点提高纳米技术工艺和纳米材料在电池技术、轻型结构、燃料电池开发及氢存储等领域的使用。

英国通过《促进增长的创新与研究战略》重点发展纳米技术等四大关键技术，该战略由英国商业、创新与技能部（Department for Business Innovation & Skills，BIS）于 2011 年 12 月发布。英国在复合材料和纳米材料方面有较强的实力。英国研究理事会（UKRC）在纳米技术领域的研发投入已超过 2 亿英镑，技术战略委员会也投入了 3000 万英镑用于纳米技术应用领域的研究。

1.3 日本纳米能源科技政策

日本是世界上最早开始纳米技术基础研究和应用研究的国家之一，自 1996 年起至今发布的五期科学技术基本计划（Science and Technology Basic Plan）都对纳米技术进行了规划布局。多年来对纳米技术的巨大投入使日本成为这一领域的主要国家之一，纳米技术成为其重点技术。

1. 战略规划

日本内阁办公室、文部科学省（Ministry of Education, Culture, Sports, Science and Technology，MEXT）和经济产业省（Ministry of Economy, Trade and Industry，METI）都在纳米技术领域设置了专门的部门，并针对未来技术发展方向制定了战略技术路线图。

2000 年以后，全球主要国家开展了有关纳米技术的大规模国家投资战略，而自 20 世纪 80 年代以来，日本科学振兴机构（Japan Science and Technology Agency，JST）和通商产业省（Ministry of International Trade and Industry，MITI）就已经在各个层面执行了纳米技术国家战略，例如，Hayashi 超微粒子项目（Hayashi Ultrafine Particles Project，1981—1986 年）、日本研究开发协会（Japan Research Development Corporation，JRDC，即现在的 JST）推出的先进技术探索研究项目（Exploratory Research for Advanced Technology，ERATO），后来成为 JST 战略基础研究计划（JST Strategic Basic Research Program），以及 MITI 下属机构 NEDO（New Energy and Industrial Technology Development Organization）发起的原子技术项目（Atom Technology Project，1992—2002 年，260 亿日元），这些项目在日本第一期科学技术基本计划（1996 年）之前就已经开始。

正是因为有前期的战略布局，在美国 NNI 推出纳米技术战略的同时，日本得以较为顺利地开展纳米技术和材料领域的国家计划。日本内阁成立科技政策委员会（Council for Science and Technology Policy，CSTP）后，纳米技术和材料领域被列为第三期科学技术基本计划优先推广的 4 个领域之一，并在生命科学、信息通信和环境方面优先考虑了 10 年的资源配置，而纳米技术和材料领域将有望成为连接生命科学、信息技术和环境等其他领域的一体化整合领域。

2001 年，日本政府启动了第二期科学技术基本计划，纳米技术和材料被列为八大国家重要问题之一。2006 年，政府制定了第三期科学技术基本计划，纳米技术和材料被列为 4 个优先研究领域之一，并确定了 5 个纳米技术和材料领域的重要研发问题：纳米电子学、纳米生物技术和生物材料、材料、促进纳米技术与材料领域的基础研究，以及纳米科学与材料科学，并对这些领域进行相应推广。主要措施和成果如下：

（1）升级基础设施，如 X 射线自由电子激光（指定为国家关键技术）和纳米技术网络。

（2）加强基于筑波创新园区（Tsukuba Innovation Arena，TIA-nano）的产业界–学术界–政府合作。

（3）跨部门项目，MEXT“元素战略计划”和 METI“稀土金属替代材料开发项目”稳步推进。

在此期间，日本内阁决定支持具有一定潜力的地区，并形成了“世界级集群”（World-class Clusters），这些集群围绕与公司、中小企业及创业企业等紧密联系的高校和科研机构建立。知名的纳米技术集群有京都、长野、滨松、爱知/名古屋等纳米技术集群。

2011 年，日本政府推出了第四期科学技术基本计划，其由“自上而下”的政策转变为“自下而上”政策，即由原来的政策引导优先科学技术领域变成实现社会期望问题解决的政策。第四期科学技术基本计划重点发展绿色和生命科学创新，纳米技术和材料并不是独立的领域，而是努力实现这些创新的重要途径。政府对纳米技术和材料的投资已经下降，而私人部门开始扮演重要角色，将这些技术商业化并进一步推广到市场。日本政府为发展纳米技术建立了平台，这些平台包括由该领域的研发机构、高校和公司组成的纳米技术集群，其中的许多机构同时也形成了连接日本知识和专业设备的纳米技术平台，该平台由 25 所大学和研究机构组成，通过向国内外企业寻求设备和高素质的人员来开展研发工作。

2016 年，日本政府推出目前的第五期科学技术基本计划，纳米技术和材料仍是七大战略布局的领域之一，将对能够带来差异化系统的技术及新型功能材料进行研发，同时通过科学发现对材料的安全性进行研究。

从 CSTI、MEXT、METI、JST、NEDO 等机构在纳米技术领域的战略布局及项目资助来看，日本纳米技术领域的优先方向主要包括电池、电力电子、催化剂（化学合成催化剂、人造光合催化剂、光催化剂、燃料电池催化剂等）、结构材料、传感器（用于保健、环境、基础设施等）及关键金属和元素的替代材料。其中，电池是纳米能源领域的重要方向之一，通过 NEDO 的新一代电池科学研发计划（R&D Initiative for Scientific Innovation of New Generation Batteries，NEDO-RISINGB），在京都大学设立了一个研究中心，并开展了一个旨在开发面向基础研究和实际应用的新型电池的项目。该项目由产业界、学术界及政府共同参与，参与者共同使用 SPring-8 和 J-PARC 等大型前沿研究设施。该计划通过机构合作推动下一代电池的基础研究和创新。同时，在 JST 的 ALCASPRING 项目的支持下，日本国立材料研究所（National Institute for Materials Science，

NIMS）成立了联合研究中心，并于 2013 年开始实施大规模的研发项目，大学和国家机构的参与人员分为四组，每组有一个主要目标。这些举措实施的规模超过了其他国家，因为日本绝大多数的相关研发人员都参与了这些项目。

2. 政府资助及创新支持

根据 Cientifica 的统计，日本每年对纳米技术的研发投入变化不大。在第一、二、三期科学技术基本计划中，日本对纳米技术和材料的投入分别是 17.6 万亿日元、21.1 万亿日元和 21.0 万亿日元。美国、中国、俄罗斯的政府资助力度都陆续超过甚至远超了日本，然而日本的新兴技术开发指数（Emtech Exploitation Index，EEI，指某个国家开发新兴技术的能力）却依然排名前列（见表 1.3）。

表 1.3　主要国家/地区的新兴技术开发指数

国家/地区	EEI	国家/地区	EEI
美国	5.00	英国	4.55
德国	4.93	中国大陆	4.23
中国台湾	4.90	欧盟	4.23
日本	4.88	印度	3.95
韩国	4.60	俄罗斯	3.57

日本对纳米技术的资助主要来源于日本经济产业省及文部科学省，相关资助项目主要有：

- RIKEN——前沿材料研究计划（Frontier Materials Research Program）；
- ERATO——纳米结构研究计划（Nanostructure Research Program）；
- JRCAT——纳米技术研究计划（Nanotechnology Research Program）；

- ISTF——前沿碳技术计划（Frontier Carbon Technology Program）。

除了资金支持，日本产业技术综合研究所（AIST）、日本国立材料研究所（NIMS）、筑波大学及高能加速器研究组织（KEK）正联合在筑波创新园区建立纳米技术研究中心，该研究中心将与日本商业联合会（Japan Business Federation）有合作关系，目的是促进日本作为尖端产品生产商的发展。纳米技术研究中心主要有六大核心研究领域：纳米电子学、电力电子学、N-MEMS、绿色纳米技术、碳纳米管及纳米材料的安全评估，均是直接通向商业化的领域。在研发过程中，科研活动将得到来自产业界、学术界及政府的资金和人力资源支持。同时，纳米技术研究中心也在核心基础设施方面进行投入，其拥有共享纳米技术研发的尖端设备和促进人力资源发展的系统。

MEXT 的纳米技术平台项目于 2012 年开始实施，为期十年。其目标是通过在某些领域集中昂贵的尖端设备并实现共享来提高公共资助研发投入的效率，同时通过鼓励交流知识和思想，促进不同领域研究人员的合作，并为创造新技术和行业提供机会。纳米技术平台为来自产业界、学术界、政府的及在三个技术领域的材料和器件方面寻求突破的用户提供机会。三个技术领域分别是高级表征纳米技术平台、纳米加工平台及分子与材料合成平台。NIMS 和 JST 被指定为中央机构，以改善整个平台所提供的支持并增加用户数量，它们以协调员的角色连接了平台和潜在用户，包括日本的年轻研究人员和当地的中小企业。

3. 科研及产业现状

目前，全球对纳米能源的诸多领域，如太阳能电池、人造光合作用、燃料电池、热电转换、蓄电池器件、功率半导体器件和绿色工艺的催化剂等都有较大的兴趣，因为这些领域与可再生能源的利用、能源的有效存储和转换，以及减少二氧化碳排放密切相关。上述许多领域的基础研究也日益活跃，尤其是对蓄电池器件的研究。在太阳能电池、燃料电池和蓄电池器件领域，日本从基础研究到商业化表现都较为突出。但是，在太阳能电池和绿色工艺的催化剂领域，由于中国和韩国的竞争，日本的商业化进程出现停滞不前或衰退的现象。

日本企业有很多产品在全球都占有较大的市场份额，如半导体材料、用于液晶显示器的材料、用于锂离子电池的材料、碳纤维等，但由于与中国和韩国的竞争日益激烈，日本企业的市场份额大幅度下滑，尤其是手机和半导体设备相关的产品（如用于锂离子电池的材料）。

1）锂离子电池

目前，汽车正在进入电动和混合动力的时代，因此要求轻巧、紧凑、高容量的电池，以使用户能够在夜间存储电力，而在白天使用存储的电力；个人电脑和智能手机等移动设备对紧凑型大容量电池的需求一直存在。锂离子电池恰恰能满足这种对电池的需求，其主要组成是阴极活性材料、阳极活性材料、电解质和分离器，日本在这些材料方面具有很大的全球市场份额。到 2020 年，全球电池市场的规模预计将达到 20 万亿日元，锂离子电池将是充电电池市场的重要部分。2000 年，日本企业以 93%的全球市场份额占据主导地位，但由于韩国和中国制造商的出现及其他因素的影响，2014 年，日本的全球市场份额下降至 22%。虽然日本目前在阳极活性材料、阴极活性材料和分离器等电池中所用材料的全球市场份额仍然很高，但由于其可充电电池的全球市场份额下降，相关零部件的全球市场份额也将下降。

2）太阳能电池及燃料电池

在太阳能电池领域，由于全球范围内的价格竞争，日本相当数量的原材料、晶圆厂、太阳能电池及相关设备的制造商不得不退出市场或停滞不前。同时，由于太阳能发电上网电价补贴系统（Feed-In Tariff，FIT）的使用，日本各地大型太阳能发电厂的数量及房屋的太阳能电池组件数量都迅速增加。光伏系统的集成由于可以大大减少所需的太阳能电池的数量而逐渐引起人们的关注，成为低成本发电的新技术，越来越多的公司进入市场。预计在太阳辐射充足的地区，太阳能电池的需求将会增加。

家用燃料电池于 2009 年被引入市场，2011 年，全球燃料电池市场规模约为 700 亿日元，而随着燃料电池汽车于 2015 年被引入市场，燃料电池市场有望进一步扩大，预计 2025 年将超过 5 万亿日元。

1.4 中国纳米能源科技政策

中国一直高度重视纳米科技的发展，在 2000 年成立了国家纳米科技指导协调委员会后，又相继成立了国家纳米科学中心、国家纳米技术及应用国家工程研究中心，开展纳米科学及纳米技术的研发和工程化应用。国家中长期发展规划中也部署了纳米科技研究计划，这些措施极大地推动了中国纳米科技的发展。纳米能源是纳米科技体系中重要组成部分，国家每次重要的纳米技术发展规划中都包含纳米能源相关的内容，重要的规划如下。

1. 国家重点研发计划“纳米科技”重点专项之能源纳米材料与技术

国家重点研发计划是针对事关国计民生的重大社会公益性研究，事关产业核心竞争力、整体自主创新能力和国家安全的重大科学技术问题，以及突破国民经济和社会发展主要领域的技术瓶颈问题而设立的国家级研发计划。“纳米科技”重点专项是首批国家重点研发计划部署的专项之一，总体目标是获得重大原始创新和重要应用成果，提高自主创新能力及研究成果的国际影响力，力争在若干优势领域，如纳米尺度超高分辨表征技术、新型纳米信息材料与器件、纳米能源与环境技术、纳米结构材料的工业化改性、新型纳米药物的研发与产业化等率先取得重大突破。

2016 年，“纳米科技”重点专项部署了七个方面的研究任务：①纳米科学重大基础问题；②新型纳米制备与加工技术；③纳米表征与标准；④纳米生物医药；⑤纳米信息材料与器件；⑥能源纳米材料与技术；⑦环境纳米材料与技术。其中，能源纳米材料与技术方向的主要内容如下。

（1）高性能能量转换纳米材料与技术：研究内容包括无机、有机及无机/有机杂化高性能太阳能电池中的多功能纳米复合材料制备、纳米结构表面/界面调控和高性能器件制造技术。考核指标包括发展活性层纳米结构及其稳定性的控制方法、提出新型的薄膜太阳能电池结构和机理、提高基于纳米材料和技术的高效新型电池的效率和稳定性、实验室电池效率达 15%或同类电池国际先进水平、小型组件效率达到实验室电池效率的 80%、封装无机电池稳定性达 20 年以上、有机及有机/无机杂化电池稳定性达 1 年以上或国际先进水平、典型器件实现应用示范等。

（2）纳米能量存储材料及器件：研究内容包括下一代锂、铝等储能电池的纳米电极材料结构的设计和充放电过程中的电子结构、晶体结构、界面反应的演化规律。考核指标包括研制综合性能优异的纳米正负极材料、固体电解质材料、具有纳米尺度界面修饰功能的添加剂材料及纳米复合隔膜材料。新型纳米正负极材料的锂电池储能密度大于 400 Wh/kg，循环稳定性大于 500 次。

（3）纳米能源器件及自驱动系统：研究内容包括基于摩擦及压电效应的纳米发电机的能量转换机制、材料组成、微观表面结构等对发电效率的影响、纳米发电机的电能存储及能源管理、系统集成与封装；自驱动传感、空气净化等领域的应用示范。考核指标包括阐明纳米发电机的能量转换机制，研发适应不同应用需求的纳米发电材料体系，建立纳米发电机的评价指标体系和行业技术评测规范，纳米发电机的能量转换效率≥70%、峰值功率密度≥550 W/m^2，纳米发电–储能一体化能源包的能量存储效率≥60%，实现主动感知外界信号的自供电系统原型器件在传感、空气净化等领域的示范应用，实现小型能源和大型摩擦纳米发电机阵列的能源产业示范。

（4）资源小分子催化转化的纳米特性和高效催化剂研制：研究内容包括纳米结构及表界面效应等对表面催化反应的调控规律、资源小分子化学键高效重组的催化活性中心精准构筑、创制多功能纳米催化剂。考核指标包括突破金属复合催化剂、氧化物催化剂和纳米孔结构催化剂的可控制备的基础理论和应用技术，并实现规模制备；发展 3～5 个基于原料多样化的化工资源高效利用新催化过程，显著提高目的产品的精细化率，突破我国化石能源高效转化的瓶颈科学和技术问题，创新催化过程，创制新催化剂，实现我国基于天然气和煤转化生产高值化学品和清洁能源的重要催化过程的水耗和 CO_2 排放降低 20%以上，并与企业合作进行工业化试验，显著提高我国能源和化工企业的绿色化水平。

围绕以上主要任务，2016 年“纳米科技”重点专项共立项支持了 43 个研究项目（其中青年科学家项目 10 项）。在这些项目中，属于“能源纳米材料与技术”研究任务的项目有 10 项，是已立项研究任务中项目数量最多的研究任务。其中，高性能能量转换纳米材料与技术方向的项目有 2 项，纳米能量存储材料及器件方向的项目有 3 项，纳米能源器件及自驱动系统方向的项目有 1 项，资源小分子催化转化的纳米特性和高效催化剂研制方向的项目有 4 项（见表 1.4）。

表 1.4 “能源纳米材料与技术”领域 2016 年公示的立项项目

序　号	项目名称	项目牵头单位
1	高能量密度纳米固态金属锂电池研究	中国科学院化学研究所
2	纳米能源器件及自驱动系统的研究	国家纳米科学中心
3	二维催化材料的表界面调控及 C1 分子高效转化研究	中国科学院大连化学物理研究所
4	资源小分子高效转化的纳米催化关键技术及工业示范	中国科学院大连化学物理研究所
5	微纳结构有机分子催化材料	中国科学院上海有机化学研究所
6	钙钛矿电池关键材料设计制备及高性能柔性器件	华北电力大学
7	高效纳米储能材料与器件的基础研究	厦门大学
8	新型纤维状储能器件的重大科学技术问题	复旦大学
9	高稳定性、全光谱、高效率太阳能电池材料探索和器件实现	上海科技大学
10	生物–化学复合纳米催化剂体系应用基础研究	清华大学

根据专项实施方案和“十三五”期间的有关部署，2017 年，“纳米科技”重点专项围绕新型纳米制备与加工技术、纳米表征与标准、纳米生物医药、纳米信息材料与器件、能源纳米材料与技术、环境纳米材料与技术等方面继续部署项目，其中，能源纳米材料与技术方向部署的主要研究任务如下。

（1）化学能源转换的关键纳米材料与器件：研究内容包括基于碳基催化剂的化学能转换为电能的纳米功能材料设计、宏量可控制备、表界面可控功能化及器件。考核指标包括阐明高效碳基纳米催化材料的转换过程、反应动力学、转换速率与稳定性演变规律，以碳基纳米催化剂组装的化学能源转换器件的功率密度≥1 W/cm^2，耐久性≥1000 小时，能量转换效率≥50%。

（2）高效有机纳米薄膜光伏材料和大面积器件制备：研究内容包括有机太阳能电池中的关键材料制备、功能层中的纳米结构表界面特性调控、高性能有机纳米薄膜太阳能电池制造技术。考核指标包括发展新型高效率有机光伏材料体系、建立电池多功能层纳米结构与光电特性的控制方法、系统阐明有机纳米薄膜太阳能电池的工作机理、提高新型有机纳米薄膜太阳能电池的光伏效率和稳定性、面积大于 4 mm^2 的实验室电池效率达到 15%或世界最高水平、面积大于 25 cm^2 的小型组件效率达到实验室电池效率的 80%、封装电池稳定性达 3 年以上、典型器件实现应用示范。

（3）新型化学能源存储的纳米材料及新体系：研究内容包括高能量密度化学能源存储器件的纳米电极材料的构筑，材料结构与电池性能之间的本征关系，实时监测与原位表征技术，能量密度、循环寿命、安全性协同提升策略。考核指标包括提升新型储能电池的综合性能，发展具有应用价值的高比容量新型纳米电极材料，新型电池能量密度≥500 Wh/kg，循环寿命≥300 次。

（4）高附加值精细化工产品的多相纳米催化材料与工程化：研究内容包括纳米催化活性中心结构与碳–氧键高效构建与重组之间的构效关系和反应机理，纳米催化剂规模化制备技术。考核指标包括突破碳–氧键高效构建与重组制高附加值精细化工产品的多相纳米催化剂的基础理论和技术瓶颈，研发纳米催化剂规模化制备共性技术及多相催化绿色生产工艺，形成基础研究、技术开发、生产示范的全链条技术解决方案；创制 5～8 种新多相纳米催化剂，建立 4～6 种国内紧缺、附加值高的精细化工产品，如乙二醇、甲基丙烯酸甲酯、二羟基丙酮等的工业示范装置。

（5）仿生能量转换的纳米材料及器件：研究内容包括仿生纳米孔道结构的能量转换机制，纳米孔道的结构、组成等对能源转换效率的影响，一体化能源转换器件的集成与封装，人工光合作用及盐差发电等领域的应用示范。考核指标包括揭示生物离子通道高效能量转换机制，研发适应不同应用需求的纳米结构基元，如纳米级光催化剂及纳米孔道结构膜材料（功率密度≥5 W/m^2），纳米孔道膜材料能量转换体系及器件的表征新方法，表征能量转换过程中离子传输的动态过程，研发纳米孔道结构一体化的能量转换器件；小型人工光合作用器件和大型盐差发电的产业示范。

在 2017 年立项的项目中，属于“能源纳米材料与技术”研究任务的项目有 9 项（见表 1.5）。其中，属于化学能源转换的关键纳米材料与器件方向的项目有 3 项，属于高效有机纳米薄膜光伏材料和大面积器件制备方向的项目有 3 项，属于新型化学能源存储的纳米材料及新体系方向的项目有 1 项，属于高附加值精细化工产品的多相纳米催化材料与工程化方向的项目有 1 项，属于仿生能量转换的纳米材料及器件方向的项目有 1 项。

表 1.5　“能源纳米材料与技术”领域 2017 年公示的立项项目

序　号	项目名称	项目牵头单位
1	化学能高效转化碳基纳米电催化剂结构设计、可控制备及应用研究	中国科学院上海高等研究院
2	高效稳定大面积有机太阳能电池关键材料和制备技术	国家纳米科学中心
3	新型纳米结构的高能量长寿命锂/钠复合空气电池	南开大学
4	高附加值精细化工产品的多相纳米催化材料与工程化	中国科学院福建物质结构研究所
5	仿生纳米结构能量转换材料及器件	中国科学院理化技术研究所

续表

序　号	项目名称	项目牵头单位
6	高效大晶体钙钛矿太阳能电池关键技术研究	电子科技大学
7	具有协同效应的高性能三元有机太阳能电池	浙江大学
8	人工光合作用高效纳米催化体系	南京大学
9	原子尺度纳米催化剂的结构调控及小分子高效活化研究	中国科学技术大学

2018年，"纳米科技"重点专项持续对能源和纳米科技领域进行支持，主要部署了"高节能透明柔性有机/无机纳米复合光功能膜及宏量制备技术"的研究任务，主要研究内容包括有机/无机纳米复合光功能膜材料体系的光学设计与分子模拟设计，透明无机纳米颗粒分散体的制备，纳米无机颗粒与高分子链的相互作用、分散机理及其对结晶动力学的影响规律，无机纳米颗粒与以聚酰亚胺和聚酯为代表的有机高分子复合加工成透明膜的新方法及宏量制备新技术，创制出若干高节能透明柔性有机/无机纳米复合光功能膜。主要考核指标包括揭示透明有机/无机纳米复合光功能膜的结构与光学性能、水汽阻隔性能等的构效关系，研制出3～4种纳米节能膜，建成2～3条示范生产线，其中，柔性电子器件用聚酰亚胺复合膜的产能≥1.2×10^{6} m^{2}/年，100 μm膜的透光率≥88%、Tg≥260 ℃、水汽透过率≤1×10^{-5} g·m^{2}/24h；氧化钒系温控智能贴膜的产能≥1×10^{7} m^{2}/年，分散后无机颗粒最大尺寸≤50 nm，可见光透过率为15%～50%且可调，红外线调节率≥30%，调节转换温度范围为40±10 ℃，耐候性≥10年；实现在柔性OLED显示、柔性太阳能器件在建筑智能节能玻璃上的示范应用，平均节能率提高20%。

2.《"十三五"国家科技创新规划》之能源和纳米

《"十三五"国家科技创新规划》是国家在科技创新领域的重点专项规划，是我国迈进创新型国家行列的行动指南，其在确立科技创新发展新蓝图的总体部署如下：加快实施国家科技重大专项，启动“科技创新2030——重大项目”；构建具有国际竞争力的产业技术体系，加强能源等领域一体化等内容。“科技创新2030——重大项目”与国家科技重大专项形成远近结合、梯次接续的系统布局。在能源领域则形成了涵盖能源多元供给、高效清洁利用和前沿技术突破的整体布局。

《“十三五”国家科技创新规划》除了高度关注能源领域的发展，也关注新材料技术的发展，部署围绕重点基础产业、战略性新兴产业和国防建设对新材料的重大需求，加快新材料技术突破和应用，重点是纳米材料等技术的突破和应用，包括研发纳米能源材料与器件等，突破纳米材料宏量制备及器件加工的关键技术与标准，加强示范应用。

3.“十三五”规划纲要——100个大项目之能源和纳米

“十三五”规划纲要是国家战略意图的反映，“十三五”规划纲要草案中包含未来五年中国计划实施的100个重大工程及项目。它们涉及科技、装备制造、农业、环保、交通、能源、人才、文化和教育等领域，将对中国经济、社会和民生等各方面产生深远影响，也会给国际社会带来重大机遇。其中涉及能源和纳米的项目如下：

（1）发展储能与分布式能源。

（2）大力发展形状记忆合金、自修复材料等智能材料，石墨烯、超材料等纳米功能材料等高端材料。

（3）全国新能源汽车累计产销量达到500万辆。

4.《“十三五”国家战略性新兴产业发展规划》之能源和纳米

战略性新兴产业代表新一轮科技革命和产业变革的方向，是培育发展新动能、获取未来竞争新优势的关键领域。“十三五”时期，将进一步发展壮大新材料、新能源汽车、新能源等战略性新兴产业，推动更广领域新技术、新产品、新业态、新模式蓬勃发展，为全面建成小康社会提供有力支撑。到 2020 年，新能源等领域新产品和新服务的可及性大幅度提升。

除了高度重视能源行业的发展，在材料和纳米方面，《“十三五”国家战略性新兴产业发展规划》提出要促进高端装备与新材料产业突破发展，引领中国制造新跨越，顺应制造业智能化、绿色化、服务化、国际化发展趋势，围绕“智能制造发展规划”实施，加快突破关键技术与核心部件，推进重大装备与系统的工程应用和产业化，促进产业链协调发展，塑造中国制造新形象，带动制造业水平全面提升，力争到 2020 年，高端装备与新材料产业产值规模超过 12 万亿元；提高新材料基础支撑能力，前瞻布局前沿新材料研发，突破石墨烯产业化应用技术，拓展纳米材料在新能源等领域应用范围，形成一批具有广泛带动性的创新成果。

5.《能源技术革命创新行动计划（2016—2030 年）》

国家发展改革委、国家能源局于 2016 年 6 月 1 日联合印发《能源技术革命创新行动计划（2016—2030 年）》，提出了我国能源技术革命的总体目标是，到 2020 年，能源自主创新能力大幅度提升，一批关键技术取得重大突破，能源技术装备、关键部件及材料对外依存度显著降低，我国能源产业国际竞争力明显提升，能源技术创新体系初步形成；到 2030 年，建成与国情相适应的完善的能源技术创新体系，能源自主创新能力全面提升，能源技术水平整体达到国际先进水平，支撑我国能源产业与生态环境协调可持续发展，进入世界能源技术强国行列。

在全球新一轮能源革命呈现“低碳能源规模化，传统能源清洁化，能源供应多元化，终端用能高效化，能源系统智能化，技术变革全面深化”整体趋势的背景下，新型高能规模化储能成为能源领域的重大科学问题和前沿技术方向，其中，重大科学问题是理解充放电和物质转移/传输的物理化学过程，包括在充放电循环中电极和界面上发生的改变，认知与合理设计电化学界面/中间相，设计开发多功能大容量储能纳米材料等。电化学储能技术的前沿技术方向在于开发高安全性、长寿命、低成本的锂离子电池及新型高能化学电源体系，集成系统认知、改进封装设计及应用新材料将有助于推动技术发展；电磁储能技术研究重点集中在高温超导储能、超级电容器储能等方面，实现超导储能系统、超级电容器储能装置系统的集成应用。

6.《“十三五”材料领域科技创新专项规划》之能源与纳米材料

《“十三五”材料领域科技创新专项规划》关注纳米材料与器件的研发，纳米能源材料与器件是重要的关注领域，具体包括：纳米结构控制与组装技术，有机/无机高效复合技术，高选择性、高转化率纳米催化材料，高储能密度介电、热电、光伏、二次电池材料，低成本燃料电池催化剂，轻质高容量储氢储甲烷材料，柔性可编织超级电容器电极材料等纳米材料与器件技术，目标在于突破纳米材料宏量制备及器件加工的关键技术与标准，加强示范应用。

总体来看，纳米能源技术作为纳米和能源两个领域的交叉领域，是我国重点布局的技术研发方向，各战略规划不仅关注科学问题，如能量转化、能量存储、催化等能源问题的纳米尺度实现方法的研究，也关注技术的研发，如纳米器件的制备及转化效率、电池效率、节能率等指标的实现方法，同时关注规模化的示范应用，如产能、产值等产业指标要求。

第 2 章 研究前沿

科学研究的世界呈现蔓延生长、不断演化的景象。科研管理者和政策制定者需要掌握科研的进展和动态，以有限的资源来支持和推动科学进步，科研工作者需要洞察科研动向，跟踪新兴专业领域，梳理研究方向，启发研究思路，所以，研究前沿的分析就显得意义重大。本章对纳米能源领域的 10 个重点前沿方向进行分析和解读，以对纳米能源领域的战略部署和科学研究提供方向选择的科学依据和研究基础。

2.1 数据与方法说明

通过持续跟踪全球最重要的科研和学术论文，研究分析论文被引用的模式，特别是通过聚类发现成簇的高被引论文频繁地共同被引用的情况，可以发现研究前沿。当一簇高被引论文共同被引用的情形达到一定的活跃度和连贯性时，就形成一个研究前沿，而这一簇高被引论文便是组成该研究前沿的“核心论文”。研究前沿的分析数据揭示了不同研究者在探究相关的科学问题时会产生一定的关联，尽管这些研究人员的背景不同或来自不同的学科领域。

我们先把 ESI 数据库中纳米能源领域相关的 177 个研究前沿遴选出来，按照核心论文的总被引频次排序，取被引频次在前 10%、被引频次超过 1000 次的前沿，共 16 个，按照核心论文的平均出版年由高到低排序，取前 10 个前沿作为重点前沿进行解读和分析。

2.2 重点前沿解析

我们遴选出 10 个重点前沿进行详细解读，这 10 个重点前沿是高能量密度超级纳米电容、高性能不对称超级电容器、钙钛矿太阳能电池及无机空穴传输材料、石墨烯微型超级电容器、纳米流体传热特性及其在太阳能集热器上的应用、多孔碳氧还原催化剂、纳米发电机、锂硫电池电极材料、长寿命锂离子电池电极材料和高功率锂离子电池电极材料。这些前沿的核心论文平均出版年为 2012—2015 年，核心论文数为 5～30 篇，如表 2.1 所示。

表 2.1　纳米能源领域重点前沿 Top10

序　号	重点前沿	核心论文数/篇	被引频次/次	核心论文平均出版年
1	高能量密度超级纳米电容	10	1250	2014.5
2	高性能不对称超级电容器	30	3121	2014.3
3	钙钛矿太阳能电池及无机空穴传输材料	11	1792	2014.3
4	石墨烯微型超级电容器	20	4327	2014.1
5	纳米流体传热特性及其在太阳能集热器上的应用	24	1305	2014.1
6	多孔碳氧还原催化剂	8	1057	2014.1
7	纳米发电机	25	4184	2013.4
8	锂硫电池电极材料	5	2547	2013.2
9	长寿命锂离子电池电极材料	6	1045	2013.2
10	高功率锂离子电池电极材料	9	1530	2012.6

对这 10 个研究前沿的施引论文发表时间（见图 2.1）进行分析发现，10 个方向的施引论文均有明显增加的趋势，说明这 10 个研究前沿目前依然是研究热点。

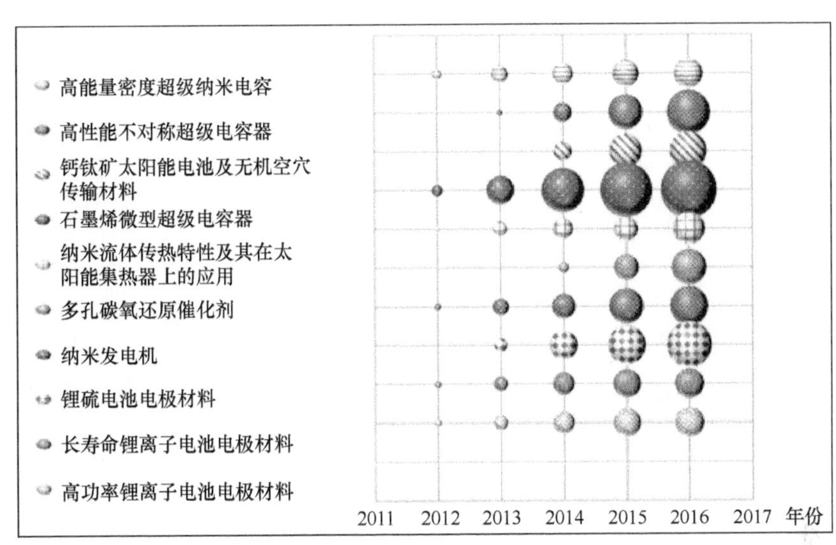

图 2.1　10 个研究前沿的施引论文发表时间

2.2.1　重点前沿：高能量密度超级纳米电容

超级电容器是一种新型、高效、实用的能量存储装置，具有大容量、高功率、长寿命、成本低廉、环境友好等优越的性能。2007 年，美国《探索》杂志将超级电容器列为 2006 年世界七大科技发现之一，认为超级电容器是能量存储领域的一项革命性发展，并将在某些领域取代传统蓄电池，发挥传统蓄电池不能发挥的优势。在节能环保日益成为主题的今天，它的应用不断引起世界各国的重视。合适的电极材料是超级电容器研发的重点方向，超级电容器如果使用纳米材料，在用量很少时就可以达到特定的电容量，利用很薄的材料层就可以实现较高的电容量，因为较小的粒子意味着较大的活性比表面积。另外，较薄的层意味着微型化在较大程度上是可行的。因此，将纳米材料用作电容器电极材料，将为电容器打开新的潜在市场。

高能量密度超级纳米电容研究前沿一共有 10 篇核心论文（见表 2.2），被引次数都在 30 次以上，最高的达到 438 次，这些核心论

表 2.2　高能量密度超级纳米电容研究前沿核心论文

序号	标题	作者	国家	机构	期刊	年份	被引次数/次
1	RECENT PROGRESS ON FERROELECTRIC POLYMER-BASED NANOCOMPOSITES FOR HIGH ENERGY DENSITY CAPACITORS: SYNTHESIS, DIELECTRIC PROPERTIES, AND FUTURE ASPECTS	PRATEEK; THAKUR, VK; GUPTA, RK	印度；美国	印度理工学院；华盛顿州立大学	CHEM REV	2016	47
2	1D/2D CARBON NANOMATERIAL-POLYMER DIELECTRIC COMPOSITES WITH HIGH PERMITTIVITY FOR POWER ENERGY STORAGE APPLICATIONS	DANG, ZM; ZHENG, MS; ZHA, JW	中国	清华大学；北京科技大学	SMALL	2016	34
3	GIANT ENERGY DENSITY AND IMPROVED DISCHARGE EFFICIENCY OF SOLUTION-PROCESSED POLYMER NANOCOMPOSITES FOR DIELECTRIC ENERGY STORAGE	ZHANG, X; SHEN, Y; XU, B; ZHANG, QH; GU, L; JIANG, JY; MA, J; LIN, YH; NAN, CW	中国	中国科学院；清华大学	ADVAN MATER	2016	31
4	CORE-SHELL STRUCTURED HIGH-K POLYMER NANOCOMPOSITES FOR ENERGY STORAGE AND DIELECTRIC APPLICATIONS	HUANG, XY; JIANG, PK	中国	上海交通大学	ADVAN MATER	2015	127
5	ULTRAHIGH ENERGY DENSITY OF POLYMER NANOCOMPOSITES CONTAINING $BATIO_3$@TIO_2 NANOFIBERS BY ATOMIC- SCALE INTERFACE ENGINEERING	ZHANG, X; SHEN, Y; ZHANG, QH; GU, L; HU, YH; DU, JW; LIN, YH; NAN, CW	中国	中国科学院；清华大学	ADVAN MATER	2015	73

续表

序号	标题	作者	国家	机构	期刊	年份	被引次数/次
6	SOLUTION-PROCESSED FERROELECTRIC TERPOLYMER NANOCOMPOSITES WITH HIGH BREAKDOWN STRENGTH AND ENERGY DENSITY UTILIZING BORON NITRIDE NANOSHEETS	LI, Q; ZHANG, GZ; LIU, FH; HAN, K; GADINSKI, MR; XIONG, CX; WANG, Q	中国；美国	华中科技大学；武汉理工大学；宾夕法尼亚大学	ENERGY ENVIRON SCI	2015	49
7	TOPOLOGICAL-STRUCTURE MODULATED POLYMER NANOCOMPOSITES EXHIBITING HIGHLY ENHANCED DIELECTRIC STRENGTH AND ENERGY DENSITY	HU, PH; SHEN, Y; GUAN, YH; ZHANG, XH; LIN, YH; ZHANG, QM; NAN, CW	中国；美国	宾夕法尼亚大学；北京科技大学；清华大学	ADV FUNCT MATER	2014	77
8	FLEXIBLE NANODIELECTRIC MATERIALS WITH HIGH PERMITTIVITY FOR POWER ENERGY STORAGE	DANG, ZM; YUAN, JK; YAO, SH; LIAO, RJ	中国	北京化工大学；北京科技大学；重庆大学	ADVAN MATER	2013	258
9	ULTRA HIGH ENERGY DENSITY NANOCOMPOSITE CAPACITORS WITH FAST DISCHARGE USING BA0.2SR0.8TIO3 NANOWIRES	TANG, HX; SODANO, HA	美国	佛罗里达州立大学；佛罗里达大学	NANO LETT	2013	116
10	FUNDAMENTALS, PROCESSES AND APPLICATIONS OF HIGH-PERMITTIVITY POLYMER MATRIX COMPOSITES	DANG, ZM; YUAN, JK; ZHA, JW; ZHOU, T; LI, ST; HU, GH	中国；法国	北京化工大学；西安交通大学；北京科技大学；重庆大学；CNRS 等	PROG MATER SCI	2012	438

文的作者主要来自中国，发文 7 篇，美国作者发文 2 篇，印度作者发文 1 篇。从核心论文发文作者来看，中国占据了绝对优势。从核心论文的发文机构来看，发文最多的是清华大学，发文 4 篇，其次是北京科技大学，发文 2 篇，印度理工学院、宾夕法尼亚大学、上海交通大学和佛罗里达大学各发文 1 篇（见表 2.3）。

表 2.3　高能量密度超级纳米电容研究前沿中核心论文的主要产出国家和机构

序号	国家	论文数/篇	比例	序号	机构	论文数/篇	比例
1	中国	7	70%	1	清华大学	4	40%
2	美国	2	20%	2	北京科技大学	2	20%
3	印度	1	10%	3	印度理工学院	1	10%
				4	宾夕法尼亚大学	1	10%
				5	上海交通大学	1	10%
				6	佛罗里达大学	1	10%

对这些核心论文的施引论文进行分析，可以更好地追踪这个前沿的后续发展情况。结果发现，高能量密度超级纳米电容研究前沿核心论文的施引论文共计 921 篇，主要施引国家是中国，施引论文比例高达 59.7%，其次是美国，施引论文比例达到 12.1%，印度排名第三，施引论文比例达到 6.7%。排名前十位的施引机构全部来自中国，北京科技大学有 38 篇论文引用了核心论文，排名第一，其次是同济大学，排名第三的是上海交通大学（见表 2.4）。

表 2.4　高能量密度超级纳米电容研究前沿中施引论文的主要产出国家和机构

序号	国家	论文数/篇	比例	序号	机构	国家	论文数/篇	比例
1	中国	550	59.7%	1	北京科技大学	中国	38	4.1%
2	美国	111	12.1%	2	同济大学	中国	33	3.6%
3	印度	62	6.7%	3	上海交通大学	中国	32	3.5%
4	法国	32	3.5%	4	西安交通大学	中国	31	3.4%

续表

序号	国家	论文数/篇	比例	序号	机构	国家	论文数/篇	比例
5	韩国	19	2.1%	5	清华大学	中国	26	2.8%
6	英国	14	1.5%	6	北京化工大学	中国	25	2.7%
7	加拿大	13	1.4%	7	哈尔滨理工大学	中国	20	2.2%
8	日本	12	1.3%	8	中国科学院	中国	17	1.8%
9	泰国	10	1.1%	9	四川大学	中国	16	1.7%
10	罗马尼亚	9	1.0%	10	北京航空航天大学	中国	14	1.5%
				11	苏州大学	中国	14	1.5%

高能量密度超级纳米电容研究前沿核心论文的主要作者包括党智敏（北京科技大学，3 篇）和沈洋（清华大学，2 篇）等人。施引论文的主要作者包括黄兴溢（上海交通大学，28 篇）、翟继卫（同济大学）、党智敏（北京科技大学）等人（见表 2.5）。

表 2.5　高能量密度超级纳米电容研究前沿核心论文和施引论文中的主要作者

核心论文				施引论文			
序号	作者	机构	论文数/篇	序号	作者	机构	论文数/篇
1	Dang, Z M	北京科技大学	3	1	Huang, X Y	上海交通大学	28
2	Shen, Y	清华大学	2	2	Zhai, J W	同济大学	25
3	Hu, P H	清华大学	1	3	Dang, Z M	北京科技大学	21
4	Huang, X Y	上海交通大学	1	4	Chi, Q G	哈尔滨理工大学	12
				5	Liang, G Z	苏州大学	8
				6	Liu, X B	电子科技大学	8
				7	Shen, Y	清华大学	8
				8	Wang, D R	北京科技大学	8
				9	Wang, Z	陕西科技大学	8
				10	Zha, J W	北京科技大学	8
				11	Zhang, Q L	浙江大学	8
				12	Zhu, H	北京化工大学	8

综上所述，中国是高能量密度超级纳米电容研究前沿的核心论

文重要产出国，也是重要的施引国，主要的核心论文产出机构、作者、施引机构、施引作者几乎都来自中国。

2.2.2 重点前沿：高性能不对称超级电容器

不对称超级电容器即混合电容器，它综合了双电层电容器与法拉第准电容器储能机理。一方面利用电极和电解质之间形成的界面双电层存储能量。当电极和电解液接触且施加的电压低于电解液的分解电压时，在库仑力、分子间力或原子间力的作用下，电荷在极化电极/电解液界面重新分布排列，形成紧密的双电层存储电荷，但电荷不通过界面转移，该过程中的电流基本上是由电荷重排而产生的位移电流。另一方面在电极表面或体相中的二维或准二维空间上，电活性物质进行欠电位沉积，发生高度的化学吸脱附或氧化还原反应，产生与电极充电电位有关的电容。存储电荷的过程不仅包括双电层上的存储，而且包括电解液离子在电极活性物质中发生氧化还原反应将电荷存储于电极中。电极材料是决定不对称超级电容器性能的关键因素之一。目前不对称超级电容器体系主要有碳材料/改性碳材料体系、碳材料/氧化物体系、水合物/碳材料体系等。

高性能不对称超级电容器研究前沿的核心论文有 30 篇（见表 2.6），最高被引频次是 311 次，这些核心论文的作者主要来自中国，发文 23 篇，占核心论文的 76.7%，其次是新加坡，发文 4 篇，占核心论文的 13.3%，印度、沙特阿拉伯和韩国各发文 1 篇。这些核心论文的主要发文机构包括：南洋理工大学，发文 4 篇，占核心论文的 13.3%；华中理工大学和南京航空航天大学各发文 3 篇，占核心论文的 10%；安徽师范大学和中南大学各发文 2 篇（见表 2.7）。

表 2.6　高性能不对称超级电容器研究前沿核心论文

序号	标题	作者	国家	机构	期刊	年份	被引次数/次
1	DESIGN HIERARCHICAL ELECTRODES WITH HIGHLY CONDUCTIVE $NICO_2S_4$ NANOTUBE ARRAYS GROWN ON CARBON FIBER PAPER FOR HIGH-PERFORMANCE PSEUDOCAPACITORS	XIAO, JW; WAN, L; YANG, SH; XIAO, F; WANG, S	中国	HONG KONG UNIV SCI & TECHNOL; HUAZHONG UNIV SCI & TECHNOL;	NANO LETT	2014	311
2	HIGHLY CONDUCTIVE $NICO_2S_4$ URCHIN-LIKE NANOSTRUCTURES FOR HIGH-RATE PSEUDOCAPACITORS	CHEN, HC; JIANG, JJ; ZHANG, L; WAN, HZ; QI, T; XIA, DD	中国	HUAZHONG UNIV SCI & TECHNOL;	NANOSCALE	2013	260
3	FORMATION OF NICKEL COBALT SULFIDE BALL-IN-BALL HOLLOW SPHERES WITH ENHANCED ELECTROCHEMICAL PSEUDOCAPACITIVE PROPERTIES	SHEN, LF; YU, L; WU, HB; YU, XY; ZHANG, XG; LOU, XW	中国	NANJING UNIV AERONAUT & ASTRONAUT; NANYANG TECHNOL UNIV + NIE; NANYANG TECHNOL UNIV;	NAT COMMUN	2015	186

续表

序号	标题	作者	国家	机构	期刊	年份	被引次数/次
4	ONE-STEP ELECTRODEPOSITED NICKEL COBALT SULFIDE NANOSHEET ARRAYS FOR HIGH-PERFORMANCE ASYMMETRIC SUPERCAPACITORS	CHEN, W; XIA, C; ALSHAREEF, HN	沙特阿拉伯	KING ABDULLAH UNIV SCI & TECHNOL;	ACS NANO	2014	173
5	IN SITU GROWTH OF $NICO_2S_4$ NANOTUBE ARRAYS ON NI FOAM FOR SUPERCAPACITORS: MAXIMIZING UTILIZA- TION EFFICIENCY AT HIGH MASS LOADING TO ACHIEVE ULTRAHIGH AREAL PSEUDOC- APACITANCE	CHEN, HC; JIANG, JJ; ZHANG, L; XIA, DD; ZHAO, YD; GUO, DQ; QI, T; WAN, HZ	中国	HUAZHONG UNIV SCI & TECHNOL;	J POWER SOURCES	2014	158
6	IN SITU GROWTH OF $NICO_2S_4$ NANOSHEETS ON GRAPHENE FOR HIGH-PERFORMANCE SUPERCAPACITORS	PENG, SJ; LI, LL; LI, CC; TAN, HT; CAI, R; YU, H; MHAISALKAR, S; SRINIVASAN, M; RAMAKRISHNA, S; YAN, QY	新加坡	NANYANG TECHNOL UNIV; NATL UNIV SINGAPORE; NANYANG TECHNOL UNIV + NIE;	CHEM COMMUN	2013	149

续表

序号	标题	作者	国家	机构	期刊	年份	被引次数/次
7	CO_3S_4 HOLLOW NANOSPHERES GROWN ON GRAPHENE AS ADVANCED ELECTRODE MATERIALS FOR SUPERCAPACITORS	WANG, QH; JIAO, LF; DU, HM; SI, YC; WANG, YJ; YUAN, HT	中国	NANKAI UNIV;	J MATER CHEM	2012	135
8	FORMATION OF NIXCO3-XS4 HOLLOW NANOPRISMS WITH ENHANCED PSEUDOCAPACITIVE PROPERTIES	YU, L; ZHANG, L; WU, HB; LOU, XW	新加坡	NANYANG TECHNOL UNIV; NANYANG TECHNOL UNIV + NIE;	ANGEW CHEM INT ED	2014	128
9	$NICO_2S_4$ NANOSHEETS GROWN ON NITROGEN-DOPED CARBON FOAMS AS AN ADVANCED ELECTRODE FOR SUPERCAPACITORS	SHEN, LF; WANG, J; XU, GY; LI, HS; DOU, H; ZHANG, XG	中国	NANJING UNIV AERONAUT & ASTRONAUT;	ADV ENERGY MATER	2015	122
10	NI-CO SULFIDE NANOWIRES ON NICKEL FOAM WITH ULTRAHIGH CAPACITANCE FOR ASYMMETRIC SUPERCAPACITORS	LI, YH; CAO, LJ; QIAO, L; ZHOU, M; YANG, Y; XIAO, P; ZHANG, YH	中国	CHONGQING UNIV;	J MATER CHEM A	2014	122
11	$NICO_2S_4$ POROUS NANOTUBES SYNTHESIS VIA SACRIFICIAL TEMPLATES: HIGH-PERFORMANCE ELECTRODE MATERIALS OF SUPERCAPACITORS	WAN, HZ; JIANG, JJ; YU, JW; XU, K; MIAO, L; ZHANG, L; CHEN, HC; RUAN, YJ	中国	HUAZHONG UNIV SCI & TECHNOL;	CRYSTENG COMM	2013	119

续表

序号	标题	作者	国家	机构	期刊	年份	被引次数/次
12	PREPARATION AND ELECTROCHEMICAL CHARACTERIZATION OF HOLLOW HEXAGONAL $NICO_2S_4$ NANOPLATES AS PSEUDOCAPACITOR MATERIALS	PU, J; CUI, FL; CHU, SB; WANG, TL; SHENG, EH; WANG, ZH	中国	ANHUI NORMAL UNIV; WUHAN UNIV TECHNOL;	ACS SUSTAIN CHEM ENG	2014	105
13	HIERARCHICAL MUSHROOM-LIKE $CONI_2S_4$ ARRAYS AS A NOVEL ELECTRODE MATERIAL FOR SUPERCAPACITORS	MEI, L; YANG, T; XU, C; ZHANG, M; CHEN, LB; LI, QH; WANG, TH	中国	HUNAN UNIV;	NANO ENERGY	2014	87
14	$CONI_2S_4$ NANOSHEET ARRAYS SUPPORTED ON NICKEL FOAMS WITH ULTRAHIGH CAPACITANCE FOR AQUEOUS ASYMMETRIC SUPERCAPACITOR APPLICATIONS	HU, W; CHEN, RQ; XIE, W; ZOU, LL; QIN, N; BAO, DH	中国	SUN YAT SEN UNIV;	ACS APPL MATER INTERFACES	2014	85
15	3D NI_3S_2 NANOSHEET ARRAYS SUPPORTED ON NI FOAM FOR HIGH-PERFORMANCE SUPERCAPACITOR AND NON-ENZYMATIC GLUCOSE DETECTION	HUO, HH; ZHAO, YQ; XU, CL	中国	LANZHOU UNIV;	J MATER CHEM A	2014	84

续表

序号	标题	作者	国家	机构	期刊	年份	被引次数/次
16	SHAPE-CONTROLLED SYNTHESIS OF $NICO_2S_4$ AND THEIR CHARGE STORAGE CHARACTERISTICS IN SUPERCAPACITORS	ZHANG, YF; MA, MZ; YANG, J; SUN, CC; SU, HQ; HUANG, W; DONG, XC	中国	INNER MONGOLIA UNIV; NANJING UNIV TECHNOL;	NANOSCALE	2014	81
17	MESOPOROUS $NICO_2S_4$ NANO-PARTICLES AS HIGH-PERFORM-ANCE ELECTRODE MATERIALS FOR SUPERCAPACITORS	ZHU, YR; WU, ZB; JING, MJ; YANG, XM; SONG, WX; JI, XB	中国	CENT S UNIV;	J POWER SOURCES	2015	80
18	PARTIAL ION-EXCHANGE OF NICKEL-SULFIDE-DERIVED ELECTRODES FOR HIGH PERFORMANCE SUPERCAPACITORS	WEI, WT; MI, LW; GAO, Y; ZHENG, Z; CHEN, WH; GUAN, XX	中国	NA-XUCHANG UNIV; ZHONGYUAN UNIV TECHNOL; ZHENGZHOU UNIV;	CHEM MATER	2014	77
19	HOMOGENEOUS CORE-SHELL $NICO_2S_4$ NANOSTRUCTURES SUPPORTED ON NICKEL FOAM FOR SUPERCAPACITORS	KONG, W; LU, CC; ZHANG, W; PU, J; WANG, ZH	中国	ANHUI NORMAL UNIV; CHINESE ACAD SCI;	J MATER CHEM A	2015	72

续表

序号	标题	作者	国家	机构	期刊	年份	被引次数/次
20	ONE-POT SYNTHESIS OF POROUS NICKEL COBALT SULPHIDES: TUNING THE COMPOSITION FOR SUPERIOR PSEUDOCAPACITANCE	CHEN, HC; JIANG, JJ; ZHAO, YD; ZHANG, L; GUO, DQ; XIA, DD	中国	CHINA JILIANG UNIV; HUAZHONG UNIV SCI & TECHNOL;	J MATER CHEM A	2015	70
21	GENERAL FORMATION OF $MXCO_3$-XS_4(M=NI, MN, ZN) HOLLOW TUBULAR STRUCTURES FOR HYBRID SUPERCAPACITORS	CHEN, YM; LI, Z; LOU, XW	新加坡	NANYANG TECHNOL UNIV; NANYANG TECHNOL UNIV + NIE;	ANGEW CHEM INT ED	2015	61
22	HYBRID $NICO_2S_4$@MnO_2HETEROSTRUCTURES FOR HIGH-PERFORMANCE SUPERCAPACITOR ELECTRODES	YANG, J; MA, MZ; SUN, CC; ZHANG, YF; HUANG, W; DONG, XC	中国	NANJING UNIV TECHNOL;	J MATER CHEM A	2015	58
23	CONSTRUCTION OF DESIRABLE $NICO_2S_4$ NANOTUBE ARRAYS ON NICKEL FOAM SUBSTRATE FOR PSEUDOCAPACITORS WITH ENHANCED PERFORMANCE	CAI, DP; WANG, DD; WANG, CX; LIU, B; WANG, LL; LIU, Y; LI, QH; WANG, TH	中国	XIAMEN UNIV;	ELECTROCHIM ACTA	2015	57

续表

序号	标题	作者	国家	机构	期刊	年份	被引次数/次
24	HIGH ENERGY DENSITY ASYMMETRIC SUPERCAPACITORS FROM MESOPOROUS $NICO_2S_4$ NANOSHEETS	WU, ZB; PU, XL; JI, XB; ZHU, YR; JING, MJ; CHEN, QY; JIAO, FP	中国	CENT S UNIV; XIAMEN ENTRY EXIT INSPECT & QUARANTINE BEREAU PEO;	ELECTROCHIM ACTA	2015	55
25	IN SITU GROWTH OF BURL-LIKE NICKEL COBALT SULFIDE ON CARBON FIBERS AS HIGH-PERFORMANCE SUPERCAPACITORS	SUN, M; TIE, JJ; CHENG, G; LIN, T; PENG, SM; DENG, FZ; YE, F; YU, L	中国	GUANGDONG UNIV TECHNOL;	J MATER CHEM A	2015	54
26	ONE POT HYDROTHERMAL GROWTH OF HIERARCHICAL NANOSTRUCTURED NI_3S_2 ON NI FOAM FOR SUPERCAPACITOR APPLICATION	KRISHNAMOORTHY, K; VEERASUBRAMANI, GK; RADHAKRISHNAN, S; KIM, SJ	韩国	JEJU NATL UNIV;	CHEM ENG J	2014	54
27	HYDROTHERMAL GROWTH OF HIERARCHICAL NI_3S_2 AND CO_3S_4 ON A REDUCED GRAPHENE OXIDE HYDROGEL@NI FOAM: A HIGH-ENERGY-DENSITY AQUEOUS ASYMMETRIC SUPERCAPACITOR	GHOSH, D; DAS, CK	印度	IIT; IIT KHARAGPUR;	ACS APPL MATER INTERFACES	2015	53

续表

序号	标题	作者	国家	机构	期刊	年份	被引次数/次
28	ONE-STEP HYDROTHERMAL SYNTHESIS OF 3D PETAL-LIKE CO_9S_8/RGO/NI_3S_2 COMPOSITE ON NICKEL FOAM FOR HIGH-PERFORMANCE SUPERCAPACITORS	ZHANG, ZM; WANG, Q; ZHAO, CJ; MIN, SD; QIAN, XZ	中国	E CHINA UNIV SCI & TECHNOL;	ACS APPL MATER INTERFACES	2015	49
29	TWO-DIMENSIONAL, POROUS NICKEL COBALT SULFIDE FOR HIGH-PERFORMANCE ASYMMETRIC SUPERCAPACITORS	LI, XM; LI, QG; WU, Y; RUI, MC; ZENG, HB	中国	NANJING UNIV AERONAUT & ASTRONAUT; NANJING UNIV SCI & TECHNOL;	ACS APPL MATER INTERFACES	2015	47
30	$NICO_2S_4$@CO(OH)(2) CORE-SHELL NANOTUBE ARRAYS IN SITU GROWN ON NI FOAM FOR HIGH PERFORMANCES ASYMMETRIC SUPERCAPACITORS	LI, R; WANG, SL; HUANG, ZC; LU, FX; HE, TB	中国	HUAQIAO UNIV;	J POWER SOURCES	2016	29

表 2.7　高性能不对称超级电容器研究前沿中核心论文的主要产出国家和机构

序号	国家	核心论文数/篇	比例	序号	机构	核心论文数/篇	比例
1	中国	23	76.7%	1	南洋理工大学	4	13.3%
2	新加坡	4	13.3%	2	华中理工大学	3	10.0%
3	印度	1	3.3%	3	南京航空航天大学	3	10.0%
4	沙特阿拉伯	1	3.3%	4	安徽师范大学	2	6.7%
5	韩国	1	3.3%	5	中南大学	2	6.7%

高性能不对称超级电容器研究前沿的核心论文共有 1465 篇施引论文，其中，中国大陆发表 1060 篇，占施引论文总量的 72.4%；韩国发表 94 篇，占施引论文总量的 6.4%；印度发表 68 篇，占施引论文总量的 4.6%。这些施引论文的主要产出机构包括中国科学院（43 篇，占比 2.9%）、南洋理工大学（37 篇，占比 2.5%）和重庆大学（28 篇，占比 1.9%）等。发文在 17 篇以上的机构有 11 个，其中 10 个来自中国，只有 1 个来自新加坡（见表 2.8）。

表 2.8　高性能不对称超级电容器研究前沿施引论文主要产出国家/地区和机构

序号	国家/地区	论文数/篇	比例	序号	机构	国家/地区	论文数/篇	比例
1	中国大陆	1060	72.4%	1	中国科学院	中国	43	2.9%
2	韩国	94	6.4%	2	南洋理工大学	新加坡	37	2.5%
3	印度	68	4.6%	3	重庆大学	中国	28	1.9%
4	新加坡	63	4.3%	4	复旦大学	中国	24	1.6%
5	美国	50	3.4%	5	华中科技大学	中国	22	1.5%
6	澳大利亚	18	1.2%	6	安徽师范大学	中国	21	1.4%
7	日本	15	1.0%	7	兰州理工大学	中国	20	1.4%
8	沙特阿拉伯	15	1.0%	8	吉林大学	中国	18	1.2%
9	伊朗	14	1.0%	9	中南大学	中国	17	1.2%
10	中国台湾	11	0.8%	10	哈尔滨工程大学	中国	17	1.2%
				11	新加坡国立大学	新加坡	17	1.2%

核心论文的主要作者包括南洋理工大学的楼雄文（发文 3 篇）和华中科技大学的江建军（发文 3 篇）；施引论文的主要作者包括南洋理工大学的楼雄文（发文 15 篇）和江南大学的李在均（发文 11 篇）（见表 2.9）。

表 2.9　高性能不对称超级电容器研究前沿核心论文和施引论文的主要作者

核心论文				施引论文			
序号	作者	机构	论文数/篇	序号	作者	机构	论文数/篇
1	Lou, XW	南洋理工大学	3	1	Lou, X W	南洋理工大学	15
2	Jiang, JJ	华中科技大学	3	2	Li, Z J	江南大学	11
3	Dong, XC	南京工业大学	2	3	Jiang, J J	华中科技大学	9
4	Li, QH	湖南大学	2	4	Mi, L W	中原工学院	9
5	Wang, ZH	安徽师范大学	2	5	Zhang, Y X	重庆大学	9
				6	Kong, L B	兰州理工大学	8
				7	Liu, M C	兰州理工大学	8
				8	Tang, Y F	燕山大学	8
				9	Ye, M X	复旦大学	8
				10	Zhao, C J	华东理工大学	8

综上所述，中国是高性能不对称超级电容器研究前沿的核心论文重要产出国，也是重要的施引国，核心论文的产出机构、作者、施引机构、施引作者主要来自中国。

2.2.3　重点前沿：钙钛矿太阳能电池及无机空穴传输材料

截至 2013 年，世界光伏累计安装量已超过 100 GW。其中，85%安装的是第一代晶体硅太阳能电池；其他的是第二代薄膜太阳能电池，主要包括非晶硅薄膜太阳能电池和碲化镉/硫化镉薄膜太阳能电池。第二代薄膜太阳能电池虽然拥有更短的能量偿还周期，但并未能替代第一代晶体硅太阳能电池，主要是因为前者也有不少缺点，比如能量转换效率较低、制造电池所需材料是稀有材料及电池工作的稳定性不够好等。近几年，一种新的太阳能电池即钙钛矿太阳能电池异军突起，仅仅 4 年时间，电池的能量转换效率由 2009 年的 3.5%提高到 2013 年的 15.4%。钙钛矿太阳能电池本质上是一种固态染料敏化太阳能电池，它具有类似于非晶硅薄膜太阳能电池的 P-I-N 结构。钙钛矿材料作为光吸收层（I 本征层）夹在电子传输层（N 型）和空穴传输层（P 型）之间。制备钙钛矿太阳能电池所用的钙钛矿材料通常为甲胺铅碘（$CH_3NH_3PbI_3$），其禁带宽度为 1.5 eV，接近最佳的材料禁带宽度值。虽然当前钙钛矿太阳能电池的能量转换效率得到了快速提高，但由于其空穴传输层材料主要以 Spiro-OMeTAD 为主，它的迁移率比较低且十分昂贵，这使得学者们开始尝试寻求其他材料作为其替代品。目前空穴传输层材料主要有两个不同的发展方向，一是无机材料，二是石墨烯。

表 2.10 列出了该研究前沿的核心论文。共有 10 个国家/地区参与了该研究前沿核心论文的产出（见表 2.11）。中国台湾以 27.3%的比例占据第 1 名，澳大利亚、中国大陆、日本和美国均以 18.2%的比例位列第 2 名，中国香港、印度、以色列、南非和瑞士分别占据 9.1%的比例。在核心论文机构列表中，台湾成功大学发表了 3 篇论文，华中科技大学和蒙纳士大学分别发表了 2 篇论文。

在施引论文方面（见表 2.12），中国大陆贡献了 528 篇施引论文，以 50.6%的比例位列施引论文第 1 位；美国以 188 篇施引论文位居第 2 位，韩国、日本、中国台湾贡献的施引论文数量分别为 97 篇、70 篇和 60 篇，位列第 3～5 位。在施引论文机构前 10 位中，中国大陆、中国台湾及中国香港的 8 家机构入选，此外还有瑞士、美国、新加坡和韩国的其他 5 家机构。中国科学院贡献了 106 篇施引论文，位列施引论文机构榜首。

表 2.10　钙钛矿太阳能电池及无机空穴传输材料研究前沿核心论文

序号	标题	作者	国家/地区	机构	期刊	引用次数/次	年份
1	AN INORGANIC HOLE CONDUCTOR FOR ORGANO-LEAD HALIDE PEROVSKITE SOLAR CELLS. IMPROVED HOLE CONDUCTIVITY WITH COPPER IODIDE	CHRISTIANS, JA; FUNG, RCM; KAMAT, PV	美国	UNIV NOTRE DAME	J AM CHEM SOC	411	2014
2	INORGANIC HOLE CONDUCTOR-BASED LEAD HALIDE PEROVSKITE SOLAR CELLS WITH 12.4% CONVERSION EFFICIENCY	QIN, P; TANAKA, S; ITO, S; TETREAULT, N; MANABE, K; NISHINO, H; NAZEERUDDIN, MK; GRATZEL, M	日本；瑞士	OSAKA GAS CO LTD; UNIV HYOGO; SWISS FEDERAL INSTITUTES OF TECHNOLOGY DOMAIN; SWISS FED INST TECHNOL LAUSANNE	NAT COMMUN	270	2014
3	NICKEL OXIDE ELECTRODE INTERLAYER IN $CH_3NH_3PBI_3$ PEROVSKITE/PCBM PLANARHETEROJUNCTION HYBRID SOLAR CELLS	JENG, JY; CHEN, KC; CHIANG, TY; LIN, PY; TSAI, TD; CHANG, YC; GUO, TF; CHEN, P; WEN, TC; HSU, YJ	中国台湾	NATL CHENG KUNG UNIV; NATL SYNCHROTRON RADIAT RES CTR	ADVAN MATER	218	2014

续表

序号	标题	作者	国家/地区	机构	期刊	引用次数/次	年份
4	HIGH-PERFORMANCE AND ENVIRONMENTALLY STABLE PLANAR HETEROJUNCTION PEROVSKITE SOLAR CELLS BASED ON A SOLUTIONPROCESSED COPPER-DOPED NICKEL OXIDE HOLE-TRANSPORTING LAYER	KIM, JH; LIANG, PW; WILLIAMS, ST; CHO, N; CHUEH, CC; GLAZ, MS; GINGER, DS; JEN, AKY	美国	UNIV WASHINGTON; UNIV WASHINGTON SEATTLE	ADVAN MATER	178	2015
5	P-TYPE MESOSCOPIC NICKEL OXIDE/ORGANOMETALLIC PEROVSKITE HETEROJUNCTION SOLAR CELLS	WANG, KC; JENG, JY; SHEN, PS; CHANG, YC; DIAU, EWG; TSAI, CH; CHAO, TY; HSU, HC; LIN, PY; CHEN, P; GUO, TF; WEN, TC	中国台湾	NATL CHENG KUNG UNIV; NATL CHIAO TUNG UNIV	SCI REP	135	2014
6	INORGANIC HOLE CONDUCTING LAYERS FOR PEROVSKITE-BASED SOLAR CELLS	SUBBIAH, AS; HALDER, A; GHOSH, S; MAHULI, N; HODES, G; SARKAR, SK	印度；以色列	IIT; WEIZMANN INST SCI; IIT BOMBAY	J PHYS CHEM LETT	122	2014
7	EFFICIENT $CH_3NH_3PBI_3$ PEROVSKITE SOLAR CELLS EMPLOYING NANOSTRUCTURED P-TYPE NIO ELECTRODE FORMED BY A PULSED LASER DEPOSITION	PARK, JH; SEO, J; PARK, S; SHIN, SS; KIM, YC; JEON, NJ; SHIN, HW; AHN, TK; NOH, JH; YOON, SC; HWANG, CS; SEOK, SI	韩国	KOREA RES INST CHEM TECH; SUNGKYUNKWAN UNIV; SEOUL NATL UNIV; KOREA UNIV SCI TECHNOL – UST	ADVAN MATER	106	2015

续表

序号	标题	作者	国家/地区	机构	期刊	引用次数/次	年份
8	HIGH-PERFORMANCE HOLE-EXTRACTION LAYER OF SOL-GEL-PROCESSED NIO NANOCRYSTALS FOR INVERTED PLANAR PEROVSKITE SOLAR CELLS	ZHU, ZL; BAI, Y; ZHANG, T; LIU, ZK; LONG, X; WEI, ZH; WANG, ZL; ZHANG, LX; WANG, JN; YAN, F; YANG, SH	中国香港	HONG KONG POLYTECH UNIV; HONG KONG UNIV SCI & TECHNOL	ANGEW CHEM INT ED	96	2014
9	LOW-TEMPERATURE SPUTTERED NICKEL OXIDE COMPACT THIN FILM AS EFFECTIVE ELECTRON BLOCKING LAYER FOR MESOSCOPIC NIO/CH_3NH_3-PBI_3 PEROVSKITE HETEROJUNCTION SOLAR CELLS	WANG, KC; SHEN, PS; LI, MH; CHEN, S; LIN, MW; CHEN, P; GUO, TF	中国台湾	NATL CHENG KUNG UNIV; NSRRC	ACS APPL MATER INTERFACES	90	2014
10	HYBRID INTERFACIAL LAYER LEADS TO SOLID PERFORMANCE IMPROVEMENT OF INVERTED PEROVSKITE SOLAR CELLS	CHEN, W; WU, YZ; LIU, J; QIN, CJ; YANG, XD; ISLAM, A; CHENG, YB; HAN, LY	澳大利亚；日本；中国大陆	HUAZHONG UNIV SCI & TECHNOL; SHANGHAI JIAO TONG UNIV; NIMS; MONASH UNIV	ENERGY ENVIRON SCI	85	2015

表 2.11　钙钛矿太阳能电池及无机空穴传输材料研究前沿中核心论文的主要产出国家/地区和机构

序号	国家/地区	论文数/篇	比例	序号	机构	国家/地区	论文数/篇	比例
1	中国台湾	3	27.3%	1	台湾成功大学	中国台湾	3	27.3%
2	澳大利亚	2	18.2%	2	华中科技大学	中国大陆	2	18.2%
3	中国大陆	2	18.2%	3	蒙纳士大学	澳大利亚	2	18.2%
4	日本	2	18.2%	4	香港理工大学	中国香港	1	9.1%
5	美国	2	18.2%	5	香港科技大学	中国香港	1	9.1%
6	中国香港	1	9.1%	6	印度理工学院	印度	1	9.1%
7	印度	1	9.1%	7	韩国化学研究所	韩国	1	9.1%
8	以色列	1	9.1%	8	韩国科技大学	韩国	1	9.1%
9	南非	1	9.1%	9	台湾交通大学	中国台湾	1	9.1%
10	瑞士	1	9.1%	10	台湾同步辐射研究中心	中国台湾	1	9.1%

表 2.12　钙钛矿太阳能电池及无机空穴传输材料研究前沿中施引论文的主要产出国家/地区和机构

序号	国家/地区	论文数/篇	比例	序号	机构	国家/地区	论文数/篇	比例
1	中国大陆	528	50.6%	1	中国科学院	中国大陆	106	10.2%
2	美国	188	18.0%	2	杭州科技大学	中国大陆	53	5.1%
3	韩国	97	9.3%	3	北京大学	中国大陆	42	4.0%

续表

排名	国家/地区	论文数/篇	比例	排名	机构	国家/地区	论文数/篇	比例
4	日本	70	6.7%	4	洛桑联邦理工学院	瑞士	32	3.1%
5	中国台湾	60	5.7%	5	苏州大学	中国大陆	25	2.4%
6	英国	53	5.1%	6	香港科技大学	中国香港	24	2.3%
7	印度	49	4.7%	7	华盛顿大学	美国	24	2.3%
8	瑞士	46	4.4%	8	台湾成功大学	中国台湾	22	2.1%
9	澳大利亚	41	3.9%	9	南阳理工大学	新加坡	20	1.9%
10	新加坡	34	3.3%	10	成均馆大学	韩国	20	1.9%
				11	天津大学	中国大陆	20	1.9%
				12	西安交通大学	中国大陆	20	1.9%
				13	国家可再生能源实验室	美国	19	1.8%

中国作者无论在核心论文还是其施引论文方面的贡献都较为突出（见表 2.13）。在核心论文方面，台湾成功大学的 CHEN, P、GUO, TF、CHANG, YC 等人及华中科技大学的 CHEN, W、CHENG, YB 等人在核心论文的发表上有较为突出的表现，其发表的核心论文数量在国内和国际上都排名前列。在施引论文方面，华中科技大学的 Wang, Mingkui、Shen, Yan，香港科技大学的 Yang, Shihe，北京大学的 Bian, Zuqiang、Huang, Chunhui，以及中国科学院的 Li, Dongmei、Meng, Qingbo 等人引用的核心论文数量较多，表明这些作者在相关领域的研究较为活跃。

表 2.13　钙钛矿太阳能电池及无机空穴传输材料研究前沿核心论文和施引论文中的主要中国作者

核心论文				施引论文			
序号	作者	机构	论文数/篇	序号	作者	机构	论文数/篇
1	CHEN, P	台湾成功大学	3	1	Wang, Mingkui	华中科技大学	21
2	GUO, TF	台湾成功大学	3	2	Yang, Shihe	香港科技大学	21

续表

核心论文				施引论文			
序号	作者	机构	论文数/篇	序号	作者	机构	论文数/篇
3	CHANG, YC	台湾成功大学	2	3	Bian, Zuqiang	北京大学	19
4	CHEN, W	华中科技大学	2	4	Huang, Chunhui	北京大学	19
5	CHENG, YB	华中科技大学	2	5	Li, Dongmei	中国科学院	17
6	JENG, JY	台湾成功大学	2	6	Meng, Qingbo	中国科学院	17
7	LIN, PY	台湾成功大学	2	7	Shen, Yan	华中科技大学	17
8	SHEN, PS	台湾成功大学	2	8	Ye, Senyun	北京大学	17
9	WANG, KC	台湾成功大学	2	9	Li, Yunlong	北京大学	16
10	WEN, TC	台湾成功大学	2	10	Liu, Zhiwei	北京大学	16
				11	Sun, Licheng	大连理工大学	16

总体来看，在钙钛矿太阳能电池及无机空穴传输材料研究前沿中，中国台湾以 27.3%的核心论文占比位列第 1 名，澳大利亚、中国大陆、日本和美国均以 18.2%的比例位列第 2 名；在发文机构中，台湾成功大学发表了 3 篇论文，华中科技大学和蒙纳士大学分别发表了 2 篇论文；台湾成功大学的 CHEN, P、GUO, TF、CHANG, YC 等人及华中科技大学的 CHEN, W、CHENG, YB 等人在核心论文的发表上有较为突出的表现。在施引论文贡献方面，中国大陆以 50.6%的比例位于施引论文的第 1 位，中国共 8 家机构的施引论文数在世界排名前十，其中，中国科学院位列施引机构的榜首；华中科技大学的 Wang,

Mingkui、Shen, Yan，香港科技大学的 Yang, Shihe，北京大学的 Bian, Zuqiang、Huang, Chunhui，以及中国科学院的 Li, Dongmei、Meng, Qingbo 等人引用的核心论文数量较多，在相关领域的研究较为活跃。

2.2.4 重点前沿：石墨烯微型超级电容器

便携式电子器件的快速发展极大地刺激了现代社会对多功能化、小型化的电化学储能器件的强烈需求。其中，微型超级电容器正逐渐成为芯片储能器件研究领域中一个新兴的、前沿的研究方向。它可作为微型功率源与微电子器件互相兼容，具有极大的应用前景。最近，以石墨烯为代表的二维材料为设计和发展新型平面化微型超级电容器提供了许多关键参数，引起了大家的关注。通过合理优化活性电极材料的组成、薄膜制造技术、主要部件的界面完整性和微电极设计及电解液，可进一步提高石墨烯微型超级电容器的性能。石墨烯微型超级电容器的快速发展，有望解决现代社会对微量级能源储存的迫切需要。以石墨烯和其他二维材料为基础的微型超级电容器有望成为超高能量和功率密度的新型芯片储能器件，能够提供足够的能量和令人满意的峰值功率来满足未来应用对小型化的微系统电子设备的需求。

表 2.14 列出了该研究前沿的核心论文。该重点前沿共有 10 个国家/地区参与了核心论文的产出（见表 2.15）。中国以 45%的比例，位列第 1 名；美国、德国分别以 40%和 25%的比例位列第 2 名和第 3 名；埃及和新加坡均占有 10%的比例，澳大利亚、法国、日本、沙特阿拉伯和瑞典分别占据 5%的比例。在核心论文产出机构列表中，德国马普学会发表了 5 篇核心论文，数量位居榜首；中国科学院发表了 4 篇论文，排名第二；美国莱斯大学、德国德累斯顿工业大学和中国天津大学各发表了 3 篇核心论文。

表 2.14　石墨烯微型超级电容器研究前沿核心论文

序号	标题	作者	国家/地区	机构	期刊	引用次数/次	年份
1	LASER SCRIBING OF HIGH-PERFORMANCE AND FLEXIBLE GRAPHENE-BASED ELECTROCHEMICAL CAPACITORS	EL-KADY, MF; STRONG, V; DUBIN, S; KANER, RB	埃及；美国	CAIRO UNIV; UNIV CALIF SYSTEM; UNIV CALIF LOS ANGELES	SCIENCE	1349	2012
2	LIQUID-MEDIATED DENSE INTEGRATION OF GRAPHENE MATERIALS FOR COMPACT CAPACITIVE ENERGY STORAGE	YANG, XW; CHENG, C; WANG, YF; QIU, L; LI, D	澳大利亚	MONASH UNIV	SCIENCE	563	2013
3	SCALABLE FABRICATION OF HIGH-POWER GRAPHENE MICRO-SUPERCAPACITORS FOR FLEXIBLE AND ON-CHIP ENERGY STORAGE	EL-KADY, MF; KANER, RB	埃及；美国	CAIRO UNIV; UNIV CALIF SYSTEM; UNIV CALIF LOS ANGELES	NAT COMMUN	400	2013
4	GRAPHENE-BASED IN-PLANE MICRO-SUPERCAPACITORS WITH HIGH POWER AND ENERGY DENSITIES	WU, ZS; PARVEZ, K; FENG, XL; MULLEN, K	德国	MAX PLANCK SOCIETY	NAT COMMUN	289	2013

续表

序号	标题	作者	国家/地区	机构	期刊	引用次数/次	年份
5	CAPACITIVE ENERGY STORAGE IN MICRO-SCALE DEVICES: RECENT ADVANCES IN DESIGN AND FABRICATION OF MICRO-SUPERCAPACITORS	BEIDAGHI, M; GOGOTSI, Y	美国	DREXEL UNIV	ENERGY ENVIRON SCI	260	2014
6	MICRO-SUPERCAPACITORS BASED ON INTERDIGITAL ELECTRODES OF REDUCED GRAPHENE OXIDE AND CARBON NANOTUBE COMPOSITES WITH ULTRAHIGH POWER HANDLING PERFORMANCE	BEIDAGHI, M; WANG, CL	美国	FLORIDA INT UNIV; STATE UNIV SYS FLORIDA	ADV FUNCT MATER	244	2012
7	3-DIMENSIONAL GRAPHENE CARBON NANOTUBE CARPET-BASED MICROSUPERCAPACITORS WITH HIGH ELECTROCHEMICAL PERFORMANCE	LIN, J; ZHANG, CG; YAN, Z; ZHU, Y; PENG, ZW; HAUGE, RH; NATELSON, D; TOUR, JM	中国；美国	RICE UNIV; TIANJIN UNIV	NANO LETT	185	2013

续表

序号	标题	作者	国家/地区	机构	期刊	引用次数/次	年份
8	ALL-SOLID-STATE FLEXIBLE ULTRATHIN MICRO-SUPERCAPACITORS BASED ON GRAPHENE	NIU, ZQ; ZHANG, L; LIU, L; ZHU, BW; DONG, HB; CHEN, XD	新加坡	NANYANG TECHNOL UNIV; NANYANG TECHNOL UNIV + NIE	ADVAN MATER	185	2013
9	TOWARDS ULTRAHIGH VOLUMETRIC CAPACITANCE: GRAPHENE DERIVED HIGHLY DENSE BUT POROUS CARBONS FOR SUPERCAPACITORS	TAO, Y; XIE, XY; LV, W; TANG, DM; KONG, DB; HUANG, ZH; NISHIHARA, H; ISHII, T; LI, BH; GOLBERG, D; KANG, FY; KYOTANI, T; YANG, QH	中国；日本	NIMS; UNIV TOWN SHENZHEN; TSINGHUA UNIV; TOHOKU UNIV; TIANJIN UNIV	SCI REP	160	2013
10	SUPERIOR MICRO-SUPERCAPACITORS BASED ON GRAPHENE QUANTUM DOTS	LIU, WW; FENG, YQ; YAN, XB; CHEN, JT; XUE, QJ	中国	CHINESE ACAD SCI; UNIV CHINESE ACAD SCI	ADV FUNCT MATER	156	2013

续表

序号	标题	作者	国家/地区	机构	期刊	引用次数/次	年份
11	LAYER-BY-LAYER ASSEMBLED HETEROATOM-DOPED GRAPHENE FILMS WITH ULTRAHIGH VOLUMETRIC CAPACITANCE AND RATE CAPABILITY FOR MICRO-SUPERCAPACITORS	WU, ZS; PARVEZ, K; WINTER, A; VIEKER, H; LIU, XJ; HAN, S; TURCHANIN, A; FENG, XL; MULLEN, K	中国；瑞典；德国	LINKOPING UNIV; UNIV BIELEFELD; SHANGHAI JIAO TONG UNIV; MAX PLANCK SOCIETY	ADVAN MATER	92	2014
12	TOWARDS SUPERIOR VOLUMETRIC PERFORMANCE: DESIGN AND PREPARATION OF NOVEL CARBON MATERIALS FOR ENERGY STORAGE	ZHANG, C; LV, W; TAO, Y; YANG, QH	中国	COLLABORAT INNOVAT CTR CHEM SCI & ENGN; UNIV TOWN SHENZHEN; TSING HUA UNIV; TIANJIN UNIV	ENERGY ENVIRON	81	2015

续表

序号	标题	作者	国家/地区	机构	期刊	引用次数/次	年份
13	ON-CHIP AND FREESTANDING ELASTIC CARBON FILMS FOR MICRO-SUPERCAPACITORS	HUANG, P; LETHIEN, C; PINAUD, S; BROUSSE, K; LALOO, R; TURQ, V; RESPAUD, M; DEMORTIERE, A; DAFFOS, B; TABERNA, PL; CHAUDRET, B; GOGOTSI, Y; SIMON, P	法国；美国	CNRS; UNIV VALENCIENNES; UNIV TOULOUSE; UNIV PICARDIE-JULES-VERNE; UNIV PAUL SABATIER - TOULOUSE III; UNIV LILLE I; PRES UNIV TOULOUSE; PRES UNIV LILLE NORD FRANCE; INST PHYS; INST NATL POLYTECH TOULOUSE; INSA TOULOUSE; DREXEL UNIV	SCIENCE	65	2016

续表

序号	标题	作者	国家/地区	机构	期刊	引用次数/次	年份
14	LASER-INDUCED POROUS GRAPHENE FILMS FROM COMMERCIAL POLYMERS	LIN, J; PENG, ZW; LIU, YY; RUIZ-ZEPEDA, F; YE, RQ; SAMUEL, ELG; YACAMAN, MJ; YAKOBSON, BI; TOUR, JM	美国	RICE UNIV; UNIV TEXAS SYS; UNIV TEXAS SAN ANTONIO	NAT COMMUN	60	2014
15	ALTERNATING STACKED GRAPHENE-CONDUCTING POLYMER COMPACT FILMS WITH ULTRAHIGH AREAL AND VOLUMETRIC CAPACITANCES FOR HIGH-ENERGY MICROSUPERCAPACITORS	WU, ZS; PARVEZ, K; LI, S; YANG, S; LIU, ZY; LIU, SH; FENG, XL; MUELLEN, K	中国；德国	MAX PLANCK SOCIETY; TECH UNIV DRESDEN; SHANGHAI JIAO TONG UNIV	ADVAN MATER	50	2015
16	HIGH-PERFORMANCE MICRO-SUPERCAPACITORS BASED ON TWO-DIMENSIONAL GRAPHENE/MANGANESE DIOXIDE/SILVER NANOWIRE TERNARY HYBRID FILM	LIU, WW; LU, CX; WANG, XL; TAY, RY; TAY, BK	新加坡	NANYANG TECHNOL UNIV; NANYANG TECHNOL UNIV + NIE	ACS NANO	48	2015

续表

序号	标题	作者	国家/地区	机构	期刊	引用次数/次	年份
17	ULTRATHIN PRINTABLE GRAPHENE SUPERCAPACITORS WITH AC LINE-FILTERING PERFORMANCE	WU, ZS; LIU, ZY; PARVEZ, K; FENG, XL; MULLEN, K	德国	MAX PLANCK SOCIETY; TECH UNIV DRESDEN	ADVAN MATER	47	2015
18	CARBON NANOTUBES AND GRAPHENE FOR FLEXIBLE ELECTROCHEMICAL ENERGY STORAGE: FROM MATERIALS TO DEVICES	WEN, L; LI, F; CHENG, HM	中国；沙特阿拉伯	CHINESE ACAD SCI; KING ABDULAZIZ UNIV	ADVAN MATER	36	2016
19	ULTRAFLEXIBLE IN-PLANE MICROSUPERCAPACITORS BY DIRECT PRINTING OF SOLUTION-PROCESSABLE ELECTROCHEMICALLY EXFOLIATED GRAPHENE	LIU, ZY; WU, ZS; YANG, S; DONG, RH; FENG, XL; MULLEN, K	中国；德国	CHINESE ACAD SCI; TECH UNIV DRESDEN; MAX PLANCK SOCIETY	ADVAN MATER	33	2016
20	HIGH-PERFORMANCE PSEUDOCAPACITIVE MICROSUPERCAPACITORS FROM LASER-INDUCED GRAPHENE	LI, L; ZHANG, JB; PENG, ZW; LI, YL; GAO, CT; JI, YS; YE, RQ; KIM, ND; ZHONG, QF; YANG, Y; FEI, HL; RUAN, GD; TOUR, JM	中国；美国	LANZHOU UNIV; UNIV CENT FLORIDA; STATE UNIV SYS FLORIDA; SOUTHEAST UNIV; RICE UNIV	ADVAN MATER	24	2016

表 2.15　石墨烯微型超级电容器研究前沿中核心论文的主要产出国家和机构

序号	国家	论文数/篇	比例	序号	机构	国家	论文数/篇	比例
1	中国	9	45%	1	马普学会	德国	5	25%
2	美国	8	40%	2	中国科学院	中国	4	20%
3	德国	5	25%	3	莱斯大学	美国	3	15%
4	埃及	2	10%	4	德累斯顿工业大学	德国	3	15%
5	新加坡	2	10%	5	天津大学	中国	3	15%
6	澳大利亚	1	5%	6	开罗大学	埃及	2	10%
7	法国	1	5%	7	德雷塞尔大学	美国	2	10%
8	日本	1	5%	8	南洋理工大学	新加坡	2	10%
9	沙特阿拉伯	1	5%	9	上海交通大学	中国	2	10%
10	瑞典	1	5%	10	佛罗里达州立大学	美国	2	10%
				11	清华大学	中国	2	10%
				12	加利福尼亚大学	美国	2	10%
				13	深圳大学	中国	2	10%

在施引论文方面（见表 2.16），中国贡献了 1883 篇施引论文，以 59.3%的比例位于施引论文的第 1 位，占据了非常大的份额。美国以 658 篇施引论文位居第 2 位；韩国、澳大利亚和新加坡贡献的施引论文数量分别为 258 篇、167 篇和 152 篇，位列第 3～5 位。在施引论文产出机构中，中国科学院和清华大学分别贡献了 293 篇和 161 篇施引论文，位列施引论文产出机构的前两位。

表 2.16　石墨烯微型超级电容器研究前沿中施引论文的主要产出国家和机构

序号	国家	论文数/篇	比例	序号	机构	国家	论文数/篇	比例
1	中国	1883	59.3%	1	中国科学院	中国	293	9.2%
2	美国	658	20.7%	2	清华大学	中国	161	5.1%
3	韩国	258	8.1%	3	南洋理工大学	新加坡	112	3.5%

续表

序号	国家	论文数/篇	比例	序号	机构	国家	论文数/篇	比例
4	澳大利亚	167	5.3%	4	华中科技大学	中国	96	3.0%
5	新加坡	152	4.8%	5	佐治亚理工大学	美国	63	2.0%
6	印度	137	4.3%	6	中山大学	中国	57	1.8%
7	德国	119	3.7%	7	天津大学	中国	57	1.8%
8	日本	109	3.4%	8	中国科学技术大学	中国	57	1.8%
9	英国	84	2.6%	9	复旦大学	中国	54	1.7%
10	法国	70	2.2%	10	南京大学	中国	51	1.6%
				11	上海交通大学	中国	51	1.6%

中国作者无论在核心论文还是其施引论文方面的贡献都较为突出（见表 2.17）。在核心论文方面，中国科学院的 WU, ZS 共参与发表了 5 篇核心论文，排名第 1 位。在施引论文方面，清华大学的 Kang, Feiyu 和天津大学的 Yang, Quan-Hong 均以 33 篇施引论文排名第 1 位。

表 2.17　石墨烯微型超级电容器研究前沿核心论文和施引论文中的主要中国作者

核心论文				施引论文			
序号	作者	机构	论文数/篇	序号	作者	机构	论文数/篇
1	WU, ZS	中国科学院	5	1	Kang, Feiyu	清华大学	33
2	LIU, WW	中国科学院	2	2	Yang, Quan-Hong	天津大学	33
3	LV, W	清华大学	2	3	Feng, Xinliang	上海交通大学	32
4	TAO, Y	天津大学	2	4	Lu, Xihong	中山大学	28
5	YANG, QH	天津大学	2	5	Tong, Yexiang	中山大学	27
6	CHEN, JT	中国科学院	1	6	Yu, Minghao	中山大学	22
7	CHENG, HM	中国科学院	1	7	Chen, Jun	南开大学	21
8	FENG, YQ	中国科学院	1	8	Shi, Gaoquan	清华大学	20
9	GAO, CT	兰州大学	1	9	Wong, Ching-Ping	香港中文大学	20
10	HUANG, ZH	清华大学	1	10	Mai, Liqiang	武汉理工大学	19
				11	Pang, Huan	扬州大学	19
				12	Qiu, Jieshan	大连理工大学	19
				13	Zhou, Jun	华中科技大学	19

总体来看，在石墨烯微型超级电容器研究前沿中，中国以 45%的核心论文占比位列第 1 名，美国、德国分别以 40%和 25%的比例位列第 2 名和第 3 名；在发文机构中，德国马普学会、中国科学院发文数量分别排名前两位，美国莱斯大学、德国德累斯顿工业大学和中国天津大学并列第 3 位；中国科学院的 WU, ZS 共参与发表了 5 篇核心论文，排名第 1 位。在施引论文贡献方面，中国以 59.3%的比例位于第 1 位，中国科学院和清华大学两家机构的施引论文数位列前两位；清华大学的 Kang, Feiyu 和天津大学的 Yang, Quan-Hong 均以 33 篇施引论文排名第 1 位。

2.2.5 重点前沿：纳米流体传热特性及其在太阳能集热器上的应用

热量传递过程几乎渗透到各个领域和行业，包括能源、动力、冶金、石油、化工等传统工业领域及航空航天、电子、核能等高技术领域。传热系统的热负荷日益增大，对强化传热技术提出了新的、更高的要求。此时换热工质（如水、油、醇等）自身传热性能低已成为影响系统传热效能的主要瓶颈因素。1995 年，美国 Argonne 实验室的 Choi 教授提出了纳米流体（Nanofluid）的概念，它是在液体中添加纳米颗粒而形成的纳米粒子悬浮液，是突破传统工质低导热特性瓶颈的一种强化传热新方法。作为一种特殊的液–固两相混合物，纳米流体因具有较高的热导率与换热性能而受到工程热物理领域的广泛关注。相对于毫米/微米颗粒而言，纳米颗粒的小尺寸（≤100 nm）特征十分明显，使得纳米流体内部的两相作用与热质输运过程极其复杂，纳米流体的制备稳定性与热物性问题始终是国内外研究的热点。

表 2.18 列出了该研究前沿的核心论文。有 14 个国家/地区参与了该重点前沿核心论文的产出。意大利、伊朗和马来西亚分别发表

了 6 篇、5 篇和 3 篇核心论文，产出数量排名前三位。在核心论文产出机构列表中，意大利的萨兰托大学发表了 5 篇论文，占比 20.8%；伊朗的伊斯兰自由大学、拉齐大学和马来西亚的马来亚大学均有 3 篇核心论文产出（见表 2.19）。

在施引论文方面（见表 2.20），伊朗贡献了 211 篇施引论文，以 23.7%的比例位居施引论文的第 1 位。中国、马来西亚、印度和美国分别以 154 篇、135 篇、127 篇和 66 篇施引论文位居第 2～5 位。前十位的施引论文产出机构多来自马来西亚和伊朗，还有来自罗马尼亚、泰国和沙特阿拉伯的机构，其中，伊朗的伊斯兰自由大学以 72 篇施引论文位居第 1 位，占比 8.1%。

由表 2.21 可见，中国作者在核心论文方面的贡献较小，意大利萨兰托大学的 COLANGELO, G 有 6 篇核心论文产出，而上海交通大学、西南石油大学等机构的作者均只有 1 篇核心论文产出，相较国际上排名前列的作者仍有差距；在施引论文方面，中国作者也有一定的贡献，哈尔滨工业大学的 He, Yurong、Zhu, Jiaqi，西南石油大学的 Zou, Changjun、Li, Xiaoke，以及华南理工大学的 Fang, Xiaoming、Zhang, Zhengguo 等人均在施引论文的中国作者中排名前列。

总体来看，在纳米流体传热特性及其在太阳能集热器上的应用研究前沿中，意大利、伊朗和马来西亚的核心论文产出数量排名前三位；在发文机构中，意大利的萨兰托大学、伊朗的伊斯兰自由大学、拉齐大学和马来西亚的马来亚大学排名前列；意大利萨兰托大学的 COLANGELO, G 有 6 篇核心论文产出，中国作者在核心论文方面的贡献较小。在施引论文贡献方面，伊朗以 23.7%的比例位于第 1 位，其中，伊斯兰自由大学的施引论文数量排名世界第 1 位；中国作者在施引论文方面也有一定的贡献，其中，哈尔滨工业大学的 He, Yurong、Zhu, Jiaqi、西南石油大学的 Zou, Changjun、

表 2.18　纳米流体传热特性及其在太阳能集热器上的应用研究前沿核心论文

序号	标题	作者	国家/地区	机构	期刊	引用次数/次	年份
1	A REVIEW OF THE APPLICATIONS OF NANO-FLUIDS IN SOLAR ENE-RGY	MAHIAN, O; KIANIFAR, A; KALOGIROU, SA; POP, I; WONGWISES, S	伊朗；泰国；罗马尼亚	FERDOWSI UNIV; MASHHAD UNIV; BABES BOLYAI ROYAL INST; THAILAND KING MONGKUTS UNIV TECHNOL THONBURI	INT J HEAT MASS TRANSFER	269	2013
2	AN EXPERIMENTAL INVESTIGATION ON THE EFFECT OF AL_2O_3-H_2O NANOFLUID ON THE EFFICIENCY OF FLAT-PLATE SOLAR COLLECTORS	YOUSEFI, T; VEYSI, F; SHOJAEIZADEH, E; ZINADINI, S	伊朗	ISLAMIC AZAD UNIV; RAZI UNIV	RENEWABLE ENERGY	115	2012
3	OPTIMIZATION OF NANOFLUID VOLUMETRIC RECEIVERS FOR SOLAR THERMAL ENERGY CON-VERSION	LENERT, A; WANG, EN	美国	MIT	SOLAR ENERG	100	2012

续表

序号	标题	作者	国家/地区	机构	期刊	引用次数/次	年份
4	AN EXPERIMENTAL INVESTIGATION ON THE EFFECT OF PH VARIATION OF MWCNT-H_2O NANOFLUID ON THE EFFICIENCY OF A FLAT-PLATE SOLAR COLLECTOR	YOUSEFI, T; SHOJAEIZADEH, E; VEYSI, F; ZINADINI, S	伊朗	ISLAMIC AZAD UNIV; RAZI UNIV	SOLAR ENERG	69	2012
5	RESULTS OF EXPERIMENTAL INVESTIGATIONS ON THE HEAT CONDUCTIVITY OF NANOFLUIDS BASED ON DIATHERMIC OIL FOR HIGH TEMPERATURE APPLICATIONS	COLANGELO, G; FAVALE, E; DE RISI, A; LAFORGIA, D	意大利	UNIV SALENTO	APPL ENERG	66	2012
6	AN EXPERIMENTAL INVESTIGATION ON THE EFFECT OF MWCNT-H_2O NANOFLUID ON THE EFFICIENCY OF FLAT-PLATE SOLAR COLLECTORS	YOUSEFI, T; VEISY, F; SHOJAEIZADEH, E; ZINADINI, S	伊朗	ISLAMIC AZAD UNIV; RAZI UNIV	EXP THERM FLUID SCI	64	2012

续表

序号	标题	作者	国家/地区	机构	期刊	引用次数/次	年份
7	REVIEW OF HEAT TRANSFER IN NANOFLUIDS: CONDUCTIVE, CONVECTIVE AND RADIATIVE EXPERIMENTAL RESULTS	LOMASCOLO, M; COLANGELO, G; MILANESE, M DE; RISI, A	意大利	CNR UNIV SALENTO	RENEW SUSTAIN ENERGY REV	62	2015
8	A NEW SOLUTION FOR REDUCED SEDIMENTATION FLAT PANEL SOLAR THERMAL COLLECTOR USING NANOFLUIDS	COLANGELO, G; FAVALE, E DE; RISI, A; LAFORGIA, D	意大利	UNIV SALENTO	APPL ENERG	58	2013
9	EXPERIMENTAL THERMAL CONDUCTIVITY OF ETHYLENE GLYCOL AND WATER MIXTURE BASED LOW VOLUME CONCENTRATION OF AL_2O_3 AND CUO NANOFLUIDS	SUNDAR, LS; FAROOKY, MH; SARADA, SN; SINGH, MK	印度；葡萄牙	JAWAHARLAL NEHRU TECHNOL UNIV HYDERABAD; UNIV AVEIRO	INT COMMUN HEAT MASS TRANS	54	2013

续表

序号	标题	作者	国家/地区	机构	期刊	引用次数/次	年份
10	A REVIEW ON HYBRID NANOFLUIDS: RECENT RESEARCH, DEVELOPMENT AND APPLICATIONS	SARKAR, J; GHOSH, P; ADIL, A	印度	BANARAS HINDU UNIV; IIT BHU VARANASI	RENEW SUSTAIN ENERGY REV	51	2015
11	THERMAL PERFORMANCE OF AN OPEN THERMOSYPHON USING NANOFLUID FOR EVACUATED TUBULAR HIGH TEMPERATURE AIR SOLAR COLLECTOR	LIU, ZH; HU, RL; LU, L; ZHAO, F; XIAO, HS	中国	JIANGSU SANXIA SOLAR IND LTD CO; SHANGHAI JIAO TONG UNIV	ENERG CONV MANAGE	50	2013
12	ENERGY, ECONOMIC AND ENVIRONMENTAL ANALYSIS OF METAL OXIDES NANOFLUID FOR FLAT-PLATE SOLAR COLLECTOR	FAIZAL, M; SAIDUR, R; MEKHILEF, S; ALIM, MA	马来西亚	TAYLORS UNIV; UNIV MALAYA	ENERG CONV MANAGE	50	2013

续表

序号	标题	作者	国家/地区	机构	期刊	引用次数/次	年份
13	HIGH TEMPERATURE AND LONG-TERM STABILITY OF CARBON NANOTUBE NANOFLUIDS FOR DIRECT ABSORPTION SOLAR THERMAL COLLECTORS	HORDY, N; RABILLOUD, D; MEUNIER, JL; COULOMBE, S	加拿大	MCGILL UNIV	SOLAR ENERG	49	2014
14	THERMAL CONDUCTIVITY AND VISCOSITY OF STABILIZED ETHYLENE GLYCOL AND WATER MIXTURE AL_2O_3 NANOFLUIDS FOR HEAT TRANSFER APPLICATIONS: AN EXPERIMENTAL STUDY	SUNDAR, LS; RAMANA, EV; SINGH, MK; SOUSA, ACM	葡萄牙	UNIV AVEIRO	INT COMMUN HEAT MASS TRANS	37	2014
15	EXPERIMENTAL INVESTIGATION ON THE THERMO-PHYSICAL PROPERTIES OF AL_2O_3 NANOPARTICLES SUSPENDED IN CAR RADIATOR COOLANT	ELIAS, MM; MAHBUBUL, IM; SAIDUR, R; SOHEL, MR; SHAHRUL, IM; KHALEDUZZAMAN, SS; SADEGHIPOUR, S	马来西亚	UNIV MALAYA	INT COMMUN HEAT MASS TRANS	35	2014

续表

序号	标题	作者	国家/地区	机构	期刊	引用次数/次	年份
16	REVIEW ON COMBINED HEAT AND MASS TRANSFER CHARACTERISTICS IN NANOFLUIDS	PANG, C; LEE, JW; KANG, YT	韩国	KOREA UNIV; KYUNG HEE UNIV	INT J THERM SCI	32	2015
17	EXPERIMENTAL TEST OF AN INNOVATIVE HIGH CONCENTRATION NANO-FLUID SOLAR COLLECT-OR	COLANGELO, G; FAVALE, E; MIGLIETTA, P; DE RISI, A; MILANESE, M; LAFORGIA, D	意大利	UNIV SALENTO	APPL ENERG	27	2015
18	CO_3O_4 ETHYLENE GLYCOL-BASED NANOFLUIDS: THERMAL CONDUCTIVITY, VISCOSITY AND HIGH PRESSURE DENSITY	MARIANO, A; PASTORIZA-GALLEGO, MJ; LUGO, L; MUSSARI, L; PINEIRO, MM	阿根廷；西班牙	UNIV NACL COMAHUE; UNIV VIGO	INT J HEAT MASS TRANSFER	26	2015
19	THERMAL CONDUCTIVITY, VISCOSITY AND STABILITY OF AL_2O_3-DIATHERMIC OIL NANOFLUIDS FOR SOLAR ENERGY SYSTEMS	COLANGELO, G; FAVALE, E; MIGLIETTA, P; MILANESE, M; DE RISI, A	意大利	UNIV SALENTO	ENERGY 95:	21	2016

续表

序号	标题	作者	国家/地区	机构	期刊	引用次数/次	年份
20	INNOVATION IN FLAT SOLAR THERMAL COLLECTORS: A REVIEW OF THE LAST TEN YEARS EXPERIMENTAL RESULTS	COLANGELO, G; FAVALE, E; MIGLIETTA, P; DE RISI, A	意大利	UNIV SALERNO	RENEW SUSTAIN ENERGY REV	17	2016
21	THERMOPHYSICAL PROPERTIES OF ETHYLENE GLYCOL BASED YTTRIUM ALUMINUM GARNET (Y(3)AL(5)O(12)-EG) NANOFLUIDS	ZYLA, G	波兰	RZESZOW UNIV TECHNOL	INT J HEAT MASS TRANSFER	17	2016
22	EXPERIMENTAL STUDY ON THE THERMO-PHYSICAL PROPERTIES OF DIATHERMIC OIL BASED SIC NANOFLUIDS FOR HIGH TEMPERATURE APPLICATIONS	LI, XK; ZOU, CJ; ZHOU, L; QI, AH	中国	NA-SW PETR UNIV TECHNIP CHINA	INT J HEAT MASS TRANSFER	14	2016

续表

序号	标题	作者	国家/地区	机构	期刊	引用次数/次	年份
23	PERFORMANCE CHARACTERISTICS OF A RESIDENTIAL-TYPE DIRECT ABSORPTION SOLAR COLLECTOR USING MWCNT NANOFLUID	DELFANI, S; KARAMI, M; AKHAVAN-BEHABADI, MA	伊朗	RD HOUSING & URBAN DEV RES CTR BHRC UNIV TEHRAN	RENEWABLE ENERGY	11	2016
24	AN OVERVIEW ON CURRENT APPLICATION OF NANOFLUIDS IN SOLAR THERMAL COLLECTOR AND ITS CHALLENGES	LEONG, KY; ONG, HC; AMER, NH; NORAZRINA, MJ; RISBY, MS; AHMAD, KZK	马来西亚	NAT DEF UNIV MALAYSIA; UNIV MALAYA	RENEW SUSTAIN ENERGY REV	11	2016

Li, Xiaoke，以及华南理工大学的 Fang, Xiaoming、Zhang, Zhengguo 等人均在施引论文的中国作者中排名前列。

表 2.19　纳米流体传热特性及其在太阳能集热器上的应用研究前沿中核心论文的主要产出国家和机构

序号	国家	论文数/篇	比例	序号	机构	国家	论文数/篇	比例
1	意大利	6	25.0%	1	萨兰托大学	意大利	5	20.8%
2	伊朗	5	20.8%	2	伊斯兰自由大学	伊朗	3	12.5%
3	马来西亚	3	12.5%	3	拉齐大学	伊朗	3	12.5%
4	中国	2	8.3%	4	马来亚大学	马来西亚	3	12.5%
5	印度	2	8.3%	5	阿威罗大学	葡萄牙	2	8.3%
6	葡萄牙	2	8.3%	6	贝拿勒斯印度大学	印度	1	4.2%
				7	国家科研委员会	意大利	1	4.2%
				8	马什哈德菲尔多西大学	伊朗	1	4.2%
				9	印度理工学院	印度	1	4.2%
				10	尼赫鲁科技大学	印度	1	4.2%

表 2.20　纳米流体传热特性及其在太阳能集热器上的应用研究前沿中施引论文排名前十位的产出国家和机构

序号	国家	论文数/篇	比例	序号	机构	国家	论文数/篇	比例
1	伊朗	211	23.7%	1	伊斯兰自由大学	伊朗	72	8.1%
2	中国	154	17.3%	2	马来亚大学	马来西亚	56	6.3%
3	马来西亚	135	15.2%	3	巴比什–波雅依大学	罗马尼亚	45	5.1%
4	印度	127	14.3%	4	马什哈德菲尔多西大学	伊朗	39	4.4%
5	美国	66	7.4%	5	国王科技大学	泰国	32	3.6%
6	沙特阿拉伯	59	6.6%	6	马来西亚彭亨大学	马来西亚	29	3.3%
7	罗马尼亚	50	5.6%	7	法赫德国王石油矿产大学	沙特阿拉伯	25	2.8%
8	巴基斯坦	37	4.2%	8	德黑兰大学	伊朗	22	2.5%
9	泰国	36	4.0%	9	马来西亚国民大学	马来西亚	20	2.2%
10	意大利	34	3.8%	10	马来西亚理工大学	马来西亚	19	2.1%

表 2.21　纳米流体传热特性及其在太阳能集热器上的应用研究前沿中核心论文和施引论文中的主要中国作者

核心论文				施引论文			
序号	作者	机构	论文数/篇	序号	作者	机构	论文数/篇
1	HU, RL	上海交通大学	1	1	He, Yurong	哈尔滨工业大学	10
2	LI, XK	西南石油大学	1	2	Zou, Changjun	西南石油大学	10
3	LIU, ZH	上海交通大学	1	3	Fang, Xiaoming	华南理工大学	9
4	LU, L	上海交通大学	1	4	Li, Xiaoke	西南石油大学	9
5	QI, AH	德希尼布中国公司	1	5	Zhang, Zhengguo	华南理工大学	9
6	XIAO, HS	江苏三夏太阳能公司	1	6	Liu, Jian	华南理工大学	8
7	ZHAO, F	江苏三夏太阳能公司	1	7	Yan, Wei-Mon	台北科技大学	7
8	ZHOU, L	西南石油大学	1	8	Zheng, Liancun	北京科技大学	7
9	ZOU, CJ	西南石油大学	1	9	Teng, Tun-Ping	台湾师范大学	6
				10	Zhao, Ningbo	哈尔滨工程大学	6
				11	Zhu, Jiaqi	哈尔滨工业大学	6

2.2.6　重点前沿：多孔碳氧还原催化剂

氧气的电化学还原（氧还原）反应是多种能量存储与转化装置中的关键电化学步骤，氧还原的难易程度决定了装置综合性能的好坏。氧还原反应自身的动力学过程缓慢，通常需要催化剂来提高反应速率。常见的氧还原催化剂大多数负载于各种纳米碳质材料或直接掺杂纳米碳质材料，因此多孔碳质材料对于氧还原催化剂的研究与发展发挥着重要的作用。该领域近年来受到研究者的关注，成为研究的热点。目前该领域产生核心论文 8 篇，内容涉及纳米氮掺杂多孔碳、有机骨架、复合材料、催化剂功效的改良等内容（见表 2.22）。

表 2.22　多孔碳氧还原催化剂研究前沿核心论文

序号	标题	作者	国家/地区	机构	期刊	引用次数/次	年份
1	ZIF-DERIVED IN SITU NITROGENDOPED POROUS CARBONS AS EFFICIENT METAL-FREE ELECTROCATALYSTS FOR OXYGEN REDUCTION REACTION	ZHANG, P; SUN, F; XIANG, ZH; SHEN, ZG; YUN, J; CAO, DP	澳大利亚；中国	BEIJING UNIV CHEM TECHNOL; UNIV NEW S WALES; CHINESE ACAD SCI	ENERGY ENVIRON SCI	190	2014
2	FROM METAL-ORGANIC FRAMEWORK TO NITROGEN-DECORATED NANOPOROUS CARBONS: HIGH CO_2 UPTAKE AND EFFICIENT CATALYTIC OXYGEN REDUCTION	AIJAZ, A; FUJIWARA, N; XU, Q	日本	NATL INST ADV IND SCI TECHNOL-JAPAN	J AM CHEM SOC	163	2014
3	ZIF-8 DERIVED GRAPHENE-BASED NITROGEN-DOPED POROUS CARBON SHEETS AS HIGHLY EFFICIENT AND DURABLE OXYGEN REDUCTION ELECTROCATALYSTS	ZHONG, HX; WANG, J; ZHANG, YW; XU, WL; XING, W; XU, D; ZHANG, YF; ZHANG, XB	中国	BEIJING UNIV TECHNOL; UNIV CHINESE ACAD SCI; CHINESE ACAD SCI	ANGEW CHEM INT ED	163	2014

续表

序号	标题	作者	国家/地区	机构	期刊	引用次数/次	年份
4	HIGHLY GRAPHITIZED NITROGEN-DOPED POROUS CARBON NANO-POLYHEDRA DERIVED FROM ZIF-8 NANOCRYSTALS AS EFFICIENT ELECTROCATALYSTS FOR OXYGEN REDUCTION REACTIONS	ZHANG, LJ; SU, ZX; JIANG, FL; YANG, LL; QIAN, JJ; ZHOU, YF; LI, WM; HONG, MC	中国；德国	CHINESE ACAD SCI; UNIV ERLANGEN NUREMBERG; UNIV CHINESE ACAD SCI	NANOSCALE	142	2014
5	CARBONIZED NANOSCALE METAL-ORGANIC FRAMEWORKS AS HIGH PERFORMANCE ELECTROCATALYST FOR OXYGEN REDUCTION REACT-ION	ZHAO, SL; YIN, HJ; DU, L; HE, LC; ZHAO, K; CHANG, L; YIN, GP; ZHAO, HJ; LIU, SQ; TANG, ZY	澳大利亚；中国	CHINESE ACAD SCI; NATL CTR NANOSCI TECH NCNST; HARBIN INST TECHNOL; GRIFFITH UNIV	ACS NANO	132	2014
6	NANOWIRE-DIRECTED TEMPL-ATING SYNTHESIS OF METAL-ORGANIC FRAMEWORK NANOFIBERS AND THEIR DERIVED POROUS DOPED CARBON NANOFIBERS FOR ENHANCED ELECTROCATALYSIS	ZHANG, W; WU, ZY; JIANG, HL; YU, SH	中国	UNIV SCI & TECHNOL CHINA	J AM CHEM SOC	130	2014

续表

序号	标题	作者	国家/地区	机构	期刊	引用次数/次	年份
7	WELL-DEFINED CARBON POLYHEDRONS PREPARED FROM NANO METAL-ORGANIC FRAMEWORKS FOR OXYGEN REDUCTION	XIA, W; ZHU, JH; GUO, WH; AN, L; XIA, DG; ZOU, RQ	中国	PEKING UNIV	J MATER CHEM A	79	2014
8	NITROGEN-DOPED NANOPOROUS CARBON/GRAPHENE NANO-SANDWICHES: SYNTHESIS AND APPLICATION FOR EFFICIENT OXYGEN REDUCTION	WEI, J; HU, YX; LIANG, Y; KONG, BA; ZHANG, J; SONG, JC; BAO, QL; SIMON, GP; JIANG, SP; WANG, HT	澳大利亚	CURTIN UNIV; MONASH UNIV	ADV FUNCT MATER	58	2015

共有 4 个国家、12 个科研机构参与了上述 8 篇核心论文的研究工作。从国家和机构层面来看，中国以 75%的比例位居核心论文产出排行首位，在该领域占据优势；澳大利亚、德国、日本分别占据 37.5%、12.5%和 12.5%的产出比例。在核心论文产出机构列表中，中国科学院贡献了 4 篇核心论文，位居榜首；北京科技大学、中国科学技术大学等国内高校也均有产出；澳大利亚的科廷大学、格里菲斯大学、新南威尔士大学和莫纳什大学，日本的高级产业技术综合研究所及德国的埃朗根–纽伦堡大学分别有 1 篇论文（见表 2.23）。

表 2.23 多孔碳氧还原催化剂研究前沿中核心论文的产出国家和机构

序号	国家	论文数/篇	比例	序号	机构	国家	论文数/篇	比例
1	中国	6	75.0%	1	中国科学院	中国	4	50.0%
2	澳大利亚	3	37.5%	2	北京科技大学	中国	1	12.5%
3	德国	1	12.5%	3	中国科学技术大学	中国	1	12.5%
4	日本	1	12.5%	4	科廷大学	澳大利亚	1	12.5%
				5	高级产业技术综合研究所	日本	1	12.5%
				6	北京大学	中国	1	12.5%
				7	埃朗根–纽伦堡大学	德国	1	12.5%
				8	格里菲斯大学	澳大利亚	1	12.5%
				9	新南威尔士大学	澳大利亚	1	12.5%
				10	哈尔滨工业大学	中国	1	12.5%
				11	北京化工大学	中国	1	12.5%
				12	莫纳什大学	澳大利亚	1	12.5%

在施引论文方面，中国贡献了 659 篇施引论文，以 77.2%的比例位居第一；美国以 118 篇论文位居第二。在施引论文产出机构中，中国科学院以 137 篇施引论文位居榜首（见表 2.24）。

表 2.24 多孔碳氧还原催化剂研究前沿中施引论文排名前十的产出国家和机构

序号	国家/地区	论文数/篇	比例	序号	机构	国家/地区	论文数/篇	比例
1	中国	659	77.2%	1	中国科学院	中国	137	16.0%
2	美国	118	13.8%	2	中国科学技术大学	中国	43	5.0%
3	澳大利亚	58	6.8%	3	北京化工大学	中国	39	4.6%
4	日本	41	4.8%	4	南开大学	中国	29	3.4%
5	韩国	41	4.8%	5	北京大学	中国	25	2.9%
6	新加坡	32	3.7%	6	南洋理工大学	新加坡	23	2.7%
7	英国	22	2.6%	7	莫纳什大学	澳大利亚	21	2.5%
8	法国	19	2.2%	8	中南大学	中国	20	2.3%
9	印度	17	2.0%	9	华中科技大学	中国	20	2.3%
10	加拿大	16	1.9%	10	吉林大学	中国	19	2.2%
				11	华南理工大学	中国	19	2.2%

从科研人员角度来看，该领域的研究产出比较分散，Hong, Maochun、Cao, Dapeng 等 43 位科研人员均参与了核心论文的研究工作。在施引论文方面，中国科学技术大学的 Jiang, Hai-Long、北京大学的 Zou, Ruqiang 等人表现较为活跃，对施引论文的贡献均超过 10 篇（见表 2.25）。

表 2.25 多孔碳氧还原催化剂研究前沿核心论文和施引论文中的主要中国作者

核心论文				施引论文			
序号	作者	机构	论文数/篇	序号	作者	机构	论文数/篇
1	An, Li	北京大学	1	1	Jiang, Hai-Long	中国科技大学	12
2	Cao, Dapeng	北京化工大学	1	2	Yu, Shu-Hong	中国科技大学	12
3	Chang, Lin	国家纳米科学中心	1	3	Zou, Ruqiang	北京大学	12

续表

核心论文				施引论文			
序号	作者	机构	论文数/篇	序号	作者	机构	论文数/篇
4	Du, Lei	哈尔滨工业大学	1	4	Cao, Dapeng	北京化工大学	10
5	Guo, Wenhan	北京大学	1	5	Cheng, Gongzhen	加州大学	9
6	He, Liangcan	国家纳米科学中心	1	6	Cheng, Gongzhen	武汉大学	9
7	Hong, Maochun	中国科学院	1	7	Luo, Wei	武汉大学	9
8	Jiang, Feilong	中国科学院	1	8	Wang, Huanting	莫纳什大学	9
9	Jiang, Hai-Long	中国科学技术大学	1	9	Wang, Ying	中国石油大学	9
10	Li, Wenmu	中国科学院	1	10	Xia, Wei	北京大学	9
……				11	Zhao, Huijun	格里菲斯大学	9

总体来说，多孔碳还原催化剂方向共有 8 篇核心论文，出自 4 个国家、12 个科研机构，中国的论文产出和施引论文产出均居首位，其中，中国科学院的产出最多，但并未出现优势研究团队。

2.2.7 重点前沿：纳米发电机

纳米发电机是一种将微小物理变化引起的机械能/热能转换成电能的装置。它利用纳米技术，将微小的能量汇聚起来，为电子器件供电。将日常生活中无处不在、无时不在的机械能利用起来，将是解决目前对可持续性自驱动电源需求的一个最优方案。

自 2006 年王中林院士做出突出的开创性贡献——首次报道压电纳米发电机起，该领域受到了科学界的广泛关注。截至检索日产生了 25 篇核心论文，内容涉及纳米发电机的理论研究、结构设计、制造方法及新应用的探索（见表 2.26）。

表 2.26　纳米发电机研究前沿核心论文

序号	标题	作者	国家/地区	机构	期刊	引用次数/次	年份
1	FLEXIBLE TRIBOELECTRIC GENERATOR	FAN, FR; TIAN, ZQ; WANG, ZL	中国；美国	GEORGIA INST TECHNOL; XIAMEN UNIV; UNIV SYS GEORGIA	NANO ENERGY	520	2012
2	TRANSPARENT TRIBOELECTRIC NANOGENERATORS AND SELF-POWERED PRESSURE SENSORS BASED ON MICROPATTERNED PLASTIC FILMS	FAN, FR; LIN, L; ZHU, G; WU, WZ; ZHANG, R; WANG, ZL	中国；美国	CHINESE ACAD SCI; XIAMEN UNIV; UNIV SYS GEORGIA; GEORGIA INST TECHNOL	NANO LETT	372	2012
3	TRIBOELECTRIC NANOGENERATORS AS NEW ENERGY TECHNOLOGY FOR SELF-POWERED SYSTEMS AND AS ACTIVE MECHANICAL AND CHEMICAL SENSORS	WANG, ZL	中国；美国	CHINESE ACAD SCI; UNIV SYS GEORGIA; GEORGIA INST TECHNOL	ACS NANO	319	2013
4	NANOSCALE TRIBOELECTRIC-EFFECT-ENABLED ENERGY CONVERSION FOR SUSTAINABLY POWERING PORTABLE ELECTRONICS	WANG, SH; LIN, L; WANG, ZL	中国；美国	CHINESE ACAD SCI; UNIV SYS GEORGIA; GEORGIA INST TECHNOL	NANO LETT	295	2012

续表

序号	标题	作者	国家/地区	机构	期刊	引用次数/次	年份
5	TOWARD LARGE-SCALE ENERGY HARVESTING BY A NANOPARTICLE-ENHANCED TRIBOELECTRIC NANOGENERATOR	ZHU, G; LIN, ZH; JING, QS; BAI, P; PAN, CF; YANG, Y; ZHOU, YS; WANG, ZL	中国; 美国	CHINESE ACAD SCI; UNIV SYS GEORGIA; GEORGIA INST TECHNOL	NANO LETT	266	2013
6	TRIBOELECTRIC-GENERATOR-DRIVEN PULSE ELECTRODEPOSITION FOR MICROPATTERNING	ZHU, G; PAN, CF; GUO, WX; CHEN, CY; ZHOU, YS; YU, RM; WANG, ZL	美国	GEORGIA INST TECHNOL; UNIV SYS GEORGIA	NANO LETT	227	2012
7	RADIAL-ARRAYED ROTARY ELECTRIFICATION FOR HIGH PERFORMANCE TRIBOELECTRIC GENERATOR	ZHU, G; CHEN, J; ZHANG, TJ; JING, QS; WANG, ZL	中国; 美国	CHINESE ACAD SCI; UNIV SYS GEORGIA; GEORGIA INST TECHNOL	NAT COMMUN	189	2014
8	HARMONIC-RESONATOR-BASED TRIBOELECTRIC NANOGENERATOR AS A SUSTAINABLE POWER SOURCE AND A SELF-POWERED ACTIVE VIBRATION SENSOR	CHEN, J; ZHU, G; YANG, WQ; JING, QS; BAI, P; YANG, Y; HOU, TC; WANG, ZL	中国; 美国	CHINESE ACAD SCI; UNIV SYS GEORGIA; GEORGIA INST TECHNOL	ADVAN MATER	161	2013

续表

序号	标题	作者	国家/地区	机构	期刊	引用次数/次	年份
9	FREQUENCY-MULTIPLICATION HIGH-OUTPUT TRIBOELECTRIC NANOGENERATOR FOR SUSTAINABLY POWERING BIOMEDICAL MICROSYSTEMS	ZHANG, XS; HAN, MD; WANG, RX; ZHU, FY; LI, ZH; WANG, W; ZHANG, HX	中国	PEKING UNIV	NANO LETT	159	2013
10	SLIDING-TRIBOELECTRIC NANOGENERATORS BASED ON IN-PLANE CHARGE-SEPARATION MECHANISM	WANG, SH; LIN, L; XIE, YN; JING, QS; NIU, SM; WANG, ZL	中国；美国	CHINESE ACAD SCI; UNIV SYS GEORGIA; GEORGIA INST TECHNOL	NANO LETT	151	2013
11	LINEAR-GRATING TRIBOELECTRIC GENERATOR BASED ON SLIDING ELECTRIFICATION	ZHU, G; CHEN, J; LIU, Y; BAI, P; ZHOU, YS; JING, QS; PAN, CF; WANG, ZL	中国；美国	CHINESE ACAD SCI; UNIV SYS GEORGIA; GEORGIA INST TECHNOL	NANO LETT	144	2013
12	THEORETICAL STUDY OF CONTACT-MODE TRIBOELECTRIC NANOGENERATORS AS AN EFFECTIVE POWER SOURCE	NIU, SM; WANG, SH; LIN, L; LIU, Y; ZHOU, YS; HU, YF; WANG, ZL	日本；美国	GEORGIA INST TECHNOL; UNIV SYS GEORGIA; NIMS	ENERGY ENVIRON SCI	142	2013

续表

序号	标题	作者	国家/地区	机构	期刊	引用次数/次	年份
13	PROGRESS IN TRIBOELECTRIC NANOGENERATORS AS A NEW ENERGY TECHNOLOGY AND SELF-POWERED SENSORS	WANG, ZL; CHEN, J; LIN, L	中国；美国	CHINESE ACAD SCI; UNIV SYS GEORGIA; GEORGIA INST TECHNOL	ENERGY ENVIRON SCI	141	2015
14	SEGMENTALLY STRUCTURED DISK TRIBOELECTRIC NANOGENERATOR FOR HARVESTING ROTATIONAL MECHANICAL ENERGY	LIN, L; WANG, SH; XIE, YN; JING, QS; NIU, SM; HU, YF; WANG, ZL	中国；美国	CHINESE ACAD SCI; UNIV SYS GEORGIA; GEORGIA INST TECHNOL	NANO LETT	137	2013
15	INTEGRATED MULTI LAYERED TRIBOELECTRIC NANOGENERATOR FOR HARVESTING BIOMECHANICAL ENERGY FROM HUMAN MOTIONS	BAI, P; ZHU, G; LIN, ZH; JING, QS; CHEN, J; ZHANG, G; MA, J; WANG, ZL	中国；美国	CHINESE ACAD SCI; UNIV SYS GEORGIA; TSINGHUA UNIV; GEORGIA INST TECHNOL	ACS NANO	135	2013
16	SINGLE-ELECTRODE-BASED SLIDING TRIBOELECTRIC NANOGENERATOR FOR SELF-POWERED DISPLACEMENT VECTOR SENSOR SYSTEM	YANG, Y; ZHANG, HL; CHEN, J; JING, QS; ZHOU, YS; WEN, XN; WANG, ZL	中国；美国	CHINESE ACAD SCI; UNIV SYS GEORGIA; GEORGIA INST TECHNOL	ACS NANO	107	2013

续表

序号	标题	作者	国家/地区	机构	期刊	引用次数/次	年份
17	HARVESTING ENERGY FROM THE NATURAL VIBRATION OF HUMAN WALKING	YANG, WQ; CHEN, J; ZHU, G; YANG, J; BAI, P; SU, YJ; JING, QS; CAO, X; WANG, ZL	中国; 美国	CAPITAL MED UNIV; UNIV SYS GEORGIA; UNIV ELECT SCI & TECHNOL CHINA; GEORGIA INST TECHNOL; CHINESE ACAD SCI	ACS NANO	104	2013
18	FREESTANDING TRIBOELECTRIC-LAYER-BASED NANOGENERATORS FOR HARVESTING ENERGY FROM A MOVING OBJECT OR HUMAN MOTION IN CONTACT AND NON-CONTACT MODES	WANG, SH; XIE, YN; NIU, SM; LIN, L; WANG, ZL	中国; 美国	CHINESE ACAD SCI; UNIV SYS GEORGIA; GEORGIA INST TECHNOL	ADVAN MATER	104	2014
19	A SHAPE-ADAPTIVE THIN-FILM-BASED APPROACH FOR 50% HIGH-EFFICIENCY ENERGY GENERATION THROUGH MICRO-GRATING SLIDING ELECTRIFICATION	ZHU, G; ZHOU, YS; BAI, P; MENG, XS; JING, QS; CHEN, J; WANG, ZL	中国; 美国	CHINESE ACAD SCI; UNIV SYS GEORGIA; GEORGIA INST TECHNOL	ADVAN MATER	93	2014

续表

序号	标题	作者	国家/地区	机构	期刊	引用次数/次	年份
20	HARVESTING WATER WAVE ENERGY BY ASYMMETRIC SCREENING OF ELECTROSTATIC CHARGES ON A NANOSTRUCTURED HYDROPHOBIC THIN-FILM SURFACE	ZHU, G; SU, YJ; BAI, P; CHEN, J; JING, QS; YANG, WQ; WANG, ZL	中国; 美国	CHINESE ACAD SCI; UNIV SYS GEORGIA; GEORGIA INST TECHNOL	ACS NANO	90	2014
21	NETWORKS OF TRIBOELECTRIC NANOGENERATORS FOR HARVESTING WATER WAVE ENERGY: A POTENTIAL APPROACH TOWARD BLUE ENERGY	CHEN, J; YANG, J; LI, ZL; FAN, X; ZI, YL; JING, QS; GUO, HY; WEN, Z; PRADEL, KC; NIU, SM; WANG, ZL	中国; 美国	CHINESE ACAD SCI; UNIV SYS GEORGIA; GEORGIA INST TECHNOL; DONGHUA UNIV; CHONGQING UNIV	ACS NANO	84	2015
22	TRIBOELECTRIFICATION-BASED ORGANIC FILM NANOGENERATOR FOR ACOUSTIC ENERGY HARVESTING AND SELF-POWERED ACTIVE ACOUSTIC SENSING	YANG, J; CHEN, J; LIU, Y; YANG, WQ; SU, YJ; WANG, ZL	中国; 美国	CHINESE ACAD SCI; UNIV SYS GEORGIA; GEORGIA INST TECHNOL; CHONGQING UNIV	ACS NANO	83	2014

续表

序号	标题	作者	国家/地区	机构	期刊	引用次数/次	年份
23	TRIBOELECTRIC NANOGENERATORS AS A NEW ENERGY TECHNOLOGY: FROM FUNDAMENTALS, DEVICES, TO APPLICATIONS	ZHU, G; PENG, B; CHEN, J; JING, QS; WANG, ZL	中国；美国	CHINESE ACAD SCI; UNIV SYS GEORGIA; GEORGIA INST TECHNOL	NANO ENERGY	58	2015
24	EARDRUM-INSPIRED ACTIVE SENSORS FOR SELF-POWERED CARDIOVASCULAR SYSTEM CHARACTERIZATION AND THROAT-ATTACHED ANTI-INTERFERENCE VOICE RECOGNITION	YANG, J; CHEN, J; SU, YJ; JING, QS; LI, ZL; YI, F; WEN, XN; WANG, ZN; WANG, ZL	中国；美国	CHINESE ACAD SCI; UNIV SYS GEORGIA; GEORGIA INST TECHNOL; CHONGQING UNIV	ADVAN MATER	54	2015
25	ULTRATHIN, ROLLABLE, PAPER-BASED TRIBOELECTRIC NANOGENERATOR FOR ACOUSTIC ENERGY HARVESTING AND SELF-POWERED SOUND RECORDING	FAN, X; CHEN, J; YANG, J; BAI, P; LI, ZL; WANG, ZL	中国；美国	CHINESE ACAD SCI; UNIV SYS GEORGIA; GEORGIA INST TECHNOL; CHONGQING UNIV	ACS NANO	49	2015

共有 3 个国家、11 个科研机构参与了上述 25 篇核心论文的研究工作。从国家和机构层面来看，美国、中国在该领域占据绝对优势，王中林院士及其团队所在的佐治亚理工学院和中国科学院成为该领域核心论文产出排名前两位的机构，占比分别为 96%和 84%。另外，中国的重庆大学、厦门大学分别参与了 4 篇和 2 篇核心论文的工作；中国的清华大学、电子科技大学、东华大学、北京大学、首都医科大学及日本的国立材料研究所分别参与 1 篇论文的研究工作（见表 2.27）。

表 2.27　纳米发电机研究前沿中核心论文的产出国家和机构

序号	国家	论文数/篇	比例	序号	机构	国家	论文数/篇	比例
1	美国	24	96.0%	1	佐治亚理工学院	美国	24	96.0%
2	中国	23	92.0%	2	中国科学院	中国	21	84.0%
3	日本	1	4.0%	3	重庆大学	中国	4	16.0%
				4	厦门大学	中国	2	8.0%
				5	清华大学	中国	1	4.0%
				6	电子科技大学	中国	1	4.0%
				7	东华大学	中国	1	4.0%
				8	北京大学	中国	1	4.0%
				9	首都医科大学	中国	1	4.0%
				10	国立材料研究所	日本	1	4.0%

在施引论文方面，中国大陆贡献了 775 篇施引论文，以 59.7%的比例位于施引论文国家/地区排行榜第 1 位；美国、韩国分别以 502 篇、262 篇位于第 2 位、第 3 位。在施引论文产出机构中，中国科学院贡献了 398 篇施引论文，位居第 1 位（见表 2.28）。

在中国作者研究方面，王中林院士贡献了 22 篇核心论文和 318 篇施引文献。在施引论文中，除了王中林团队表现突出，重庆大学的 Hu, Chenguo、北京大学的 Zhang, Haixia 等人表现较为活跃，对施引论文的贡献均超过30篇（见表2.29）。

表2.28　纳米发电机研究前沿中施引论文的主要产出国家/地区和机构

序号	国家/地区	论文数/篇	比例	序号	机构	国家/地区	论文数/篇	比例
1	中国大陆	775	59.7%	1	中国科学院	中国	398	30.6%
2	美国	502	38.6%	2	佐治亚理工学院	美国	351	27.0%
3	韩国	262	20.2%	3	重庆大学	中国	75	5.8%
4	新加坡	50	3.8%	4	北京大学	中国	72	5.5%
5	中国台湾	42	3.2%	5	北京科技大学	中国	49	3.8%
6	日本	32	2.5%	6	成均馆大学	韩国	48	3.7%
7	英国	29	2.2%	7	清华大学	中国	48	3.7%
8	印度	28	2.2%	8	韩国科学技术研究院	韩国	46	3.5%
9	意大利	23	1.8%	9	华中科技大学	中国	34	2.6%
10	澳大利亚	19	1.5%	10	北京航空航天大学	中国	28	2.2%
11	加拿大	19	1.5%	11	新加坡国立大学	新加坡	28	2.2%

表2.29　纳米发电机研究前沿核心论文和施引论文中的主要中国作者

核心论文				施引论文			
序号	作者	机构	论文数/篇	序号	作者	机构	论文数/篇
1	Wang, Zhong Lin	中国科学院	22	1	Wang, Zhong Lin	中国科学院	318
2	Li, Zhaoling	东华大学	3	2	Guo, Hengyu	重庆大学	44
3	Fan, Feng-Ru	厦门大学	2	3	Hu, Chenguo	重庆大学	40
4	Pan, Caofeng	中国科学院	2	4	Tang, Wei	中国科学院	40
5	Cao, Xia	中国科学院；首都医科大学	1	5	Zhang, Chi	中国科学院	36
6	Han, Meng-Di	北京大学	1	6	Zhang, Haixia	北京大学	36
7	Li, Zhi-Hong	北京大学	1	7	Zi, Yunlong	北京大学	34
8	Ma, Jusheng	清华大学	1	8	Jiang, Tao	中国科学院	31
9	Meng, Xian Song	中国科学院	1	9	Cao, Xia	中国科学院	27

续表

核心论文				施引论文			
序号	作者	机构	论文数/篇	序号	作者	机构	论文数/篇
10	Wang, Ren-Xin	北京大学	1	10	Han, Mengdi	北京大学	27
11	Wang, Wei	北京大学	1				
12	Zhang, Gong	清华大学	1				
13	Zhang, Hai-Xia	北京大学	1				
14	Zhang, Xiao-Sheng	北京大学	1				
15	Zi, Yunlong	北京大学	1				

总体来说，纳米发电机方向共有 25 篇核心论文，出自 3 个国家、11 个科研机构，中、美两国在论文产出和施引论文产出中表现突出，主要集中在佐治亚理工学院和中国科学院，王中林院士团队在该领域做出了开创性贡献，并一直处于国际领先地位。

2.2.8　重点前沿：锂硫电池电极材料

锂硫电池以硫为正极活性物质，基于硫与锂之间的可逆电化学反应来实现能量存储和释放，其理论比能量可达 2600 Wh/kg，是目前锂离子电池的 3～5 倍。单质硫也因具有很高的理论能量密度、极低的成本及无毒性等多种优势，是下一代锂电池的首选正极材料之一。

锂硫电池的发明始于 20 世纪 60 年代，并被认为可以应用于便携式电子产品。随着 20 世纪 90 年代锂离子电池的兴起，研究者发现锂离子电池具有更稳定的电化学性能和更长的循环寿命。进入 21 世纪后，人们对电池的能量密度提出了更高的要求，从而掀起了对锂硫电池的研究热潮，并成为下一代二次电池的研究重点。但锂硫电池相关技术和应用仍面临着很多挑战，如硫及其还原产物的绝缘性质使活性物质的利用率降低、正极活性物质流失、电极老化快、电池容量衰减快等问题，而使用纳米结构的碳硫复合正极材料可以较好地提升电池的可逆容量、倍率性能、循环性能及硫的利用率，因而也成为该领域的研究热点。该领域共检出核心论文 5 篇，内容涉及电极材料、应用前景、面临的问题等（见表 2.30）。

表 2.30　锂硫电池电极材料研究前沿核心论文

序号	标题	作者	国家/地区	机构	期刊	引用次数/次	年份
1	RECHARGEABLE LITHIUM-SULFUR BATTERIES	MANTHIRAM, A; FU, YZ; CHUNG, SH; ZU, CX; SU, YS	美国	UNIV TEXAS AUSTIN; UNIV TEXAS SYS	CHEM REV	584	2014
2	NANOSTRUCTURED SULFURCA-THODES	YANG, Y; ZHENG, GY; CUI, Y	美国	STANFORD INST MAT & ENERGY SCI; STANFORD UNIV	CHEM SOC REV	557	2013
3	LITHIUM-SULFUR BATTERIES: ELECTROCHEMISTRY, MATERIA-LS, AND PROSPECTS	YIN, YX; XIN, S; GUO, YG; WAN, LJ	中国	CHINESE ACAD SCI	ANGEW CHEM INT ED	528	2013
4	CHALLENGES AND PROSPECTS OF LITHIUM-SULFUR BATTERIES	MANTHIRAM, A; FU, YZ; SU, YS	美国	UNIV TEXAS AUSTIN; UNIV TEXAS SYS	ACCOUNT CHEM RES	508	2013

续表

序号	标题	作者	国家/地区	机构	期刊	引用次数/次	年份
5	NEW APPROACHES FOR HIGH ENERGY DENSITY LITHIUM-SULFUR BATTERY CATHODES	EVERS, S; NAZAR, LF	加拿大	UNIV WATERLOO	ACCOUNT CHEM RES	370	2013

共有 3 个国家、5 个科研机构参与了上述 5 篇核心论文的研究工作。从国家和机构层面来看，美国以 60%的比例位居核心论文产出国家排行首位，在该领域占据优势；加拿大、中国分别贡献了 1 篇核心论文。在核心论文产出机构列表中，美国得克萨斯大学贡献了 2 篇核心论文，位居榜首；加拿大的滑铁卢大学，美国的斯坦福材料与能源科学研究所、斯坦福大学，中国的中国科学院分别参与了 1 篇核心论文的研究工作（见表 2.31）。

表 2.31　锂硫电池电极材料研究前沿中核心论文的主要产出国家和机构

序号	国家	论文数/篇	比例	序号	机构	国家	论文数/篇	比例
1	美国	3	60%	1	得克萨斯大学	美国	2	40%
2	加拿大	1	20%	2	滑铁卢大学	加拿大	1	20%
3	中国	1	20%	3	斯坦福材料与能源科学研究所	美国	1	20%
				4	斯坦福大学	美国	1	20%
				5	中国科学院	中国	1	20%

在施引论文方面，中国贡献了 1000 篇施引论文，以 58.2%的比例位居第 1 位；美国以 496 篇论文位居第 2 位。在排名前十位的施引论文产出机构中，中国有 7 家机构入选，其中，中国科学院贡献

了 182 篇施引论文，位居榜首（见表 2.32）。

表 2.32　锂硫电池电极材料研究前沿中施引论文的主要产出国家和机构

序号	国家	论文数/篇	比例	序号	机构	国家	论文数/篇	比例
1	中国	1000	58.2%	1	中国科学院	中国	182	10.6%
2	美国	496	28.9%	2	得克萨斯大学	美国	102	5.9%
3	韩国	126	7.3%	3	清华大学	中国	100	5.8%
4	德国	91	5.3%	4	中国科学技术大学	中国	60	3.5%
5	澳大利亚	67	3.9%	5	中南大学	中国	48	2.8%
6	日本	61	3.6%	6	浙江大学	中国	44	2.6%
7	英国	47	2.7%	7	阿贡国家实验室	美国	41	2.4%
8	新加坡	45	2.6%	8	北京科技大学	中国	40	2.3%
9	加拿大	44	2.6%	9	斯坦福大学	美国	33	1.9%
10	法国	23	1.3%	10	南京大学	中国	32	1.9%
11	印度	23	1.3%					

从科研人员角度来看，该领域的研究产出比较分散，中国科学院的 Yin, Ya Xia 等 4 位科研人员均贡献了 1 篇核心论文。在施引论文方面，清华大学的 Zhang, Qiong 表现较为活跃，对施引论文的贡献超过 40 篇（见表 2.33）。

表 2.33　锂硫电池电极材料研究前沿核心论文和施引论文中的中国作者

核心论文				施引论文			
序号	作者	机构	论文数/篇	序号	作者	机构	论文数/篇
1	Yin, Ya Xia	中国科学院	1	1	Zhang, Qiang	清华大学	43
2	Xin, Sen	中国科学院	1	2	Huang, Jia Qi	清华大学	35
3	Guo, Yu Guo	中国科学院	1	3	Peng, Hong Jie	清华大学	33
4	Wan, Li Jun	中国科学院	1	4	Guo, Yu Guo	中国科学院	26

续表

核心论文				施引论文			
序号	作者	机构	论文数/篇	序号	作者	机构	论文数/篇
				5	Li, Jie	中南大学	24
				6	Yin, Ya Xia	中国科学院	24
				7	Lai, Yanqing	中南大学	23
				8	Cheng, Xin Bing	清华大学	22
				9	Jin, Jun	中国科学院	21
				10	Wei, Fei	清华大学	21

总体来说，锂硫电池电极材料方向共有 5 篇核心论文，出自 3 个国家、5 个科研机构，美国论文产出数量最多，中国的施引论文产出数量最多。其中，美国得克萨斯大学和中国科学院表现突出，但并未形成明显的优势研究团队。

2.2.9　重点前沿：长寿命锂离子电池电极材料

锂离子电池具有比能量高、低自放电、循环性能好、无记忆效应和绿色环保等优点，是目前最具发展前景的高效二次电池和发展最快的化学储能电源。作为锂离子电池的核心，电极活性材料普遍要求具有高容量和能量密度、长期循环稳定和安全性。为了获得高容量和能量密度，活性材料在电极中的比例应最大化；长期循环稳定和安全性则要求电池材料具有优良的电子传输和离子扩散性能。如何对现有电极材料的物理、化学性能进行优化，以延长电池使用寿命是锂离子电池领域的一个研究热点。该研究前沿领域检出核心论文 6 篇，内容涉及对 MnO 电极的改良优化设计和制备方法（见表 2.34）。

表 2.34　长寿命锂离子电池电极材料研究前沿核心论文

序号	标题	作者	国家	机构	期刊	引用次数/次	年份
1	RECONSTRUCTION OF CONFORMAL NANOSCALE MNO ON GRAPHENE AS A HIGH-CAPACITY AND LONG-LIFE ANODE MATERIAL FOR LITHIUM ION BATTERIES	SUN, YM; HU, XL; LUO, W; XIA, FF; HUANG, YH	中国	HUAZHONG UNIV SCI & TECHNOL	ADV FUNCT MATER	305	2013
2	GREEN AND FACILE FABRICATION OF HOLLOW POROUS MNO/C MICROSPHERES FROM MICROALGAES FOR LITHIUM-ION BATTERIES	XIA, Y; XIAO, Z; DOU, X; HUANG, H; LU, XH; YAN, RJ; GAN, YP; ZHU, WJ; TU, JP; ZHANG, WK; TAO, XY	中国	CHINA JILIANG UNIV; ZHEJIANG UNIV TECHNOL; ZHEJIANG UNIV	ACS NANO	200	2013
3	INTERDISPERSED AMORPHOUS MNOX-CARBON NANOCOMPOSITES WITH SUPERIOR ELECTROCHEMICAL PERFORMANCE AS LITHIUM-STORAGE MATERIAL	GUO, JC; LIU, Q; WANG, CS; ZACHARIAH, MR	美国	UNIV MARYLAND COLLEGE PARK; UNIV SYS MARYLAND	ADV FUNCT MATER	171	2012

续表

序号	标题	作者	国家	机构	期刊	引用次数/次	年份
4	SYNTHESIS OF NITROGEN-DOPED MNO/GRAPHENE NANOSHEETS HYBRID MATERIAL FOR LITHIUM ION BATTERIES	ZHANG, KJ; HAN, PX; GU, L; ZHANG, LX; LIU, ZH; KONG, QS; ZHANG, CJ; DONG, SM; ZHANG, ZY; YAO, JH; XU, HX; CUI, GL; CHEN, LQ	中国	CHINESE ACAD SCI	ACS APPL MATER INTERFACES	168	2012
5	RATIONAL DESIGN OF MNO/CARBON NANOPEAPODS WITH INTERNAL VOID SPACE FOR HIGH-RATE AND LONG-LIFE LI-ION BATTERIES	JIANG, H; HU, YJ; GUO, SJ; YAN, CY; LEE, PS; LI, CZ	中国；美国；新加坡	E CHINA UNIV SCI & TECHNOL; US DEPT ENERGY; NANYANG TECHNOL UNIV + NIE; NANYANG TECHNOL UNIV; LOS ALAMOS NATL LAB	ACS NANO	151	2014
6	COAXIAL MNO/N-DOPED CARBON NANORODS FOR ADVANCED LITHIUM-ION BATTERY ANODES	GU, X; YUE, J; CHEN, L; LIU, S; XU, HY; YANG, J; QIAN, YT; ZHAO, XB	中国	CHINA UNIV PETR; UNIV SCI & TECHNOL CHINA; SHANDONG UNIV	J MATER CHEM A	50	2015

共有 3 个国家、12 个科研机构参与了上述 6 篇核心论文的研究工作（见表 2.35）。从国家层面来看，中国以 83.3%的比例位居核心论文产出排行首位，在该领域占据优势；美国、新加坡分别占据 33.3%、16.7%的产出比例。但从机构层面来看，核心论文的产出较为分散，中国计量大学、中国石油大学、中国科学院等 8 家中国科研机构分别参与了 1 篇核心论文的研究工作；美国的洛斯阿拉莫斯国家实验室、马里兰大学、能源部及新加坡的南洋理工大学分别参与了 1 篇核心论文的研究工作。

表 2.35　长寿命锂离子电池电极材料研究前沿中核心论文的主要产出国家和机构

序号	国家	论文数/篇	比例	序号	机构	国家	论文数/篇	比例
1	中国	5	83.3%	1	中国计量大学	中国	1	16.7%
2	美国	2	33.3%	2	中国石油大学	中国	1	16.7%
3	新加坡	1	16.7%	3	中国科学院	中国	1	16.7%
				4	华东理工大学	中国	1	16.7%
				5	华中理工大学	中国	1	16.7%
				6	洛斯阿拉莫斯国家实验室	美国	1	16.7%
				7	南洋理工大学	新加坡	1	16.7%
				8	马里兰大学	美国	1	16.7%
				9	中国科学技术大学	中国	1	16.7%
				10	能源部	美国	1	16.7%
				11	浙江大学	中国	1	16.7%
				12	浙江工业大学	中国	1	16.7%

在施引论文方面，中国贡献了 656 篇施引论文，以 80.5%的比例位于施引论文国家排行的第一梯队（见表 2.36）；美国、韩国分别

以 99 篇、77 篇论文位居第 2 位和第 3 位；新加坡、澳大利亚等国家贡献的施引论文为 6～41 篇，属于第三梯队。在施引论文排名前十位的产出机构中，中国有 9 家机构入选，其中，中国科学院贡献了 73 篇施引论文，位居榜首。

表 2.36　长寿命锂离子电池电极材料研究前沿中施引论文的主要产出国家和机构

序号	国家	论文数/篇	比例	序号	机构	国家	论文数/篇	比例
1	中国	656	80.5%	1	中国科学院	中国	73	9.0%
2	美国	99	12.1%	2	山东大学	中国	47	5.8%
3	韩国	77	9.4%	3	中国科学技术大学	中国	33	4.0%
4	新加坡	41	5.0%	4	高丽大学	韩国	26	3.2%
5	澳大利亚	35	4.3%	5	武汉大学	中国	26	3.2%
6	英国	20	2.5%	6	南洋理工大学	新加坡	25	3.1%
7	印度	13	1.6%	7	华中科技大学	中国	23	2.8%
8	日本	10	1.2%	8	南开大学	中国	22	2.7%
9	德国	9	1.1%	9	清华大学	中国	21	2.6%
10	比利时	6	0.7%	10	北京科技大学	中国	19	2.3%
11	加拿大	6	0.7%	11	北京化工大学	中国	19	2.3%

从科研人员的角度来看（见表 2.37），该领域核心论文研究产出比较分散，中国科学院的 Cui, Guanglei 等 9 位科研人员均参与了 1 篇核心论文的研究工作。在施引论文方面，武汉理工大学的 Mai, Liqiang 等人表现较为活跃，对施引论文的贡献均超过 10 篇。

表 2.37 长寿命锂离子电池电极材料研究前沿核心论文和施引论文中的主要中国作者

核心论文				施引论文			
序号	作者	机构	论文数/篇	序号	作者	机构	论文数/篇
1	Cui, Guanglei	中国科学院	1	1	Mai, Liqiang	武汉理工大学	16
2	Gu, Xin	中国石油大学	1	2	Qian, Yitai	中国科学技术大学	15
3	Hu, Xianluo	华中科技大学	1	3	Gan, Yongping	浙江工业大学	13
4	Jiang, Hao	华东理工大学	1	4	Huang, Hui	浙江工业大学	13
5	Sun, Yongming	华中科技大学	1	5	Tao, Xinyong	浙江工业大学	13
6	Xia, Yang	浙江工业大学	1	6	Xia, Yang	浙江工业大学	13
7	Zhang, Kejun	中国科学院	1	7	Zhang, Wenkui	浙江工业大学	13
8	Zhang, Wenkui	浙江工业大学	1	8	Cao, Minhua	北京理工大学	12
9	Zhao, Xuebo	中国石油大学	1	9	Huang, Yunhui	华中科技大学	12
				10	Hu, Xianluo	华中科技大学	11
				11	Liu, Jiurong	山东大学	11

总体来说，长寿命锂离子电池电极材料方向共有 6 篇核心论文，出自 3 个国家、12 个科研机构，中国在核心论文产出和施引论文产出中表现突出，但并无具有明显优势的研究机构和团队。

2.2.10　重点前沿：高功率锂离子电池电极材料

锂离子电池具有循环性能好、能量密度大、电压平台高等优点，是当前国内外动力电池领域的研究热点。大容量、高功率锂离子蓄电池是电动车的理想储能电源，因为它具有单体电压高、循环及使用寿命长、比能量高和良好的功率输出性能等优点。

高功率锂离子电池电极材料研究前沿有 9 篇核心论文，被引次数高达 304 次。其中，中国发文 8 篇，占核心论文的 88.9%；新加坡发文 1 篇，占核心论文的 11.1%（见表 2.38）。这些论文主要来自南京航空航天大学（发文 3 篇）和中国科学院（发文 2 篇）（见表 2.39）。

对高功率锂离子电池电极材料研究前沿核心论文的施引论文进行分析，发现共有 1082 篇施引论文。其中，中国大陆发文 767 篇，占比为 70.9%；美国发文 93 篇，占比为 8.6%；韩国发文 54 篇，占比为 5%。这些施引论文的主要产出机构中排名第一的是中国科学院，有 78 篇论文引用了核心论文，占施引论文总量的 7.2%；其次是南京航空航天大学，有 32 篇论文引用了核心论文，占比为 3%（见表 2.40）。

高功率锂离子电池电极材料研究前沿核心论文的主要作者为南京航空航天大学的 Zhang, XG，发表核心论文 3 篇。施引论文的主要作者包括中国科学技术大学的 Yu, Y 和南京航空航天大学的 Zhang, XG，各自发文 25 篇（见表 2.41）。

表 2.38　高功率锂离子电池电极材料研究前沿核心论文

序号	标题	作者	期刊	国家	机构	年份	被引次数/次
1	RUTILE-TIO_2 NANOCOATING FOR A HIGH-RATE $LI_4TI_5O_{12}$ ANODE OF A LITHIUM-ION BATTERY	WANG, YQ; GUO, L; GUO, YG; LI, H; HE, XQ; TSUKIMOTO, S; IKUHARA, Y; WAN, LJ	J AM CHEM SOC	中国；日本	CHINESE ACAD SCI; UNIV TOKYO; TOHOKU UNIV; JAPAN FINE CERAMICS CTR	2012	304
2	HYDROGENATED $LI_4TI_5O_{12}$ NANOWIRE ARRAYS FOR HIGH RATE LITHIUM ION BATTERIES	SHEN, LF; UCHAKER, E; ZHANG, XG; CAO, GZ	ADVAN MATER	中国；美国	NANJING UNIV AERONAUT & ASTRONAUT; UNIV WASHINGTON SEATTLE; UNIV WASHINGTON	2012	221
3	$LI_4TI_5O_{12}$ NANOPARTICLES EMBEDDED IN A MESOPOROUS CARBON MATRIX AS A SUPERIOR ANODE MATERIAL FOR HIGH RATE LITHIUM ION BATTERIES	SHEN, LF; ZHANG, XG; UCHAKER, E; YUAN, CZ; CAO, GZ	ADV ENERGY MATER	中国；美国	NANJING UNIV AERONAUT & ASTRONAUT; UNIV WASHINGTON SEATTLE; UNIV WASHINGTON	2012	169

续表

序号	标题	作者	期刊	国家	机构	年份	被引次数/次
4	MESOPOROUS $LI_4TI_5O_{12}$ HOLLOW SPHERES WITH ENHANCED LITHIUM STORAGE CAPABILITY	YU, L; WU, HB; LOU, XW	ADVAN MATER	新加坡	NANYANG TECHNOL UNIV; NANYANG TECHNOL UNIV + NIE	2013	169
5	SELF-SUPPORTED $LI_4TI_5O_{12}$-C NANOTUBE ARRAYS AS HIGH-RATE AND LONG-LIFE ANODE MATERIALS FOR FLEXIBLE LI-ION BATTERIES	LIU, J; SONG, KP; VAN AKEN, PA; MAIER, J; YU, Y	NANO LETT	中国；德国	MAX PLANCK SOCIETY; UNIV SCI & TECHNOL CHINA	2014	162
6	LITHIUM STORAGE IN $LI_4TI_5O_{12}$ SPINEL: THE FULL STATIC PICTURE FROM ELECTRON MICROSCOPY	LU, X; ZHAO, L; HE, XQ; XIAO, RJ; GU, L; HU, YS; LI, H; WANG, ZX; DUAN, XF; CHEN, LQ; MAIER, J; IKUHARA, Y	ADVAN MATER	中国；日本；德国	CHINESE ACAD SCI; UNIV TOKYO; TOHOKU UNIV; MAX PLANCK SOCIETY; JAPAN FINE CERAMICS CTR	2012	144
7	FACILE SYNTHESIS OF $LI_4TI_5O_{12}$/C COMPOSITE WITH SUPER RATE PERFORMANCE	LI, BH; HAN, CP; HE, YB; YANG, C; DU, HD; YANG, QH; KANG, FY	ENERGY ENVIRON SCI	中国	TIANJIN UNIV; UNIV TOWN SHENZHEN; TSING HUA UNIV	2012	138

续表

序号	标题	作者	期刊	国家	机构	年份	被引次数/次
8	GENERAL STRATEGY FOR DESIGNING CORE-SHELL NANOSTRUCTURED MATERIALS FOR HIGH-POWER LITHIUM ION BATTERIES	SHEN, LF; LI, HS; UCHAKER, E; ZHANG, XG; CAO, GZ	NANO LETT	中国；美国	NANJING UNIV AERONAUT & ASTRONAUT; UNIV WASHINGTON SEATTLE; UNIV WASHINGTON	2012	121
9	SELF-SUPPORTED $LI_4TI_5O_{12}$ NANOSHEET ARRAYS FOR LITHIUM ION BATTERIES WITH EXCELLENT RATE CAPABILITY AND ULTRALONG CYCLE LIFE	CHEN, S; XIN, YL; ZHOU, YY; MA, YR; ZHOU, HH; QI, LM	ENERGY ENVIRON SCI	中国	CHINESE ACAD SCI; PEKING UNIV	2014	102

表 2.39　高功率锂离子电池电极材料研究前沿核心论文的主要产出国家和机构

序号	国家	论文数/篇	比例	序号	机构	论文数/篇	比例
1	中国	8	88.9%	1	南京航空航天大学	3	33.3%
2	新加坡	1	11.1%	2	中国科学院	2	22.2%
				3	南洋理工大学	1	11.1%
				4	北京大学	1	11.1%
				5	清华大学	1	11.1%
				6	中国科学技术大学	1	11.1%

表 2.40　高功率锂离子电池电极材料研究前沿施引论文的主要产出国家/地区和机构

序号	国家/地区	论文数/篇	比例	序号	机构	国家/地区	论文数/篇	比例
1	中国大陆	767	70.9%	1	中国科学院	中国	78	7.2%
2	美国	93	8.6%	2	南京航空航天大学	中国	32	3.0%
3	韩国	54	5.0%	3	清华大学	中国	27	2.5%
4	新加坡	33	3.0%	4	中国科学技术大学	中国	25	2.3%
5	日本	26	2.4%	5	中南大学	中国	23	2.1%
6	澳大利亚	22	2.0%	6	南洋理工大学	新加坡	23	2.1%
7	德国	16	1.5%	7	南开大学	中国	17	1.6%
8	加拿大	11	1.0%	8	湘潭大学	中国	17	1.6%
9	印度	10	0.9%	9	吉林大学	中国	16	1.5%
10	中国台湾	7	0.6%	10	中山大学	中国	16	1.5%

表 2.41　高功率锂离子电池电极材料研究前沿核心论文和施引论文中主要的中国作者

核心论文				施引论文			
序号	作者	机构	论文数/篇	序号	作者	机构	论文数/篇
1	Zhang, XG	南京航空航天大学	3	1	Yu, Y	中国科学技术大学	25
2	Chen, S	北京大学	1	2	Zhang, X G	南京航空航天大学	25
3	Gu, L	中国科学院	1	3	Cao, G Z	中国科学院；华盛顿大学	14

续表

核心论文				施引论文			
序号	作者	机构	论文数/篇	序号	作者	机构	论文数/篇
4	Guo, YG	中国科学院	1	4	Wang, Y	重庆大学	13
5	Lou, XW	南洋理工大学	1	5	Yi, T F	安徽大学	13
6	Yang, QH	清华大学	1	6	Liu, J	中山大学	12
7	Yu, Y	中国科学技术大学	1	7	Gu, L	中国科学院	11
				8	Shu, J	宁波大学	10
				9	Guo, Y G	中国科学院	9
				10	Tong, Y X	中山大学	9

第3章 纳米光伏技术研究态势

3.1 背景

光伏技术是一种将吸收的太阳能直接转换成电能的技术。光伏材料即太阳能电池材料，是光伏技术的重要研发方向。常见的太阳能电池材料有单晶硅、多晶硅、非晶硅、GaAs、GaAlAs、InP、CdS、CdTe 等，其他种类尚处于开发阶段。如何降低材料成本和提高转换效率，以使太阳能电池的电力价格与火力发电的电力价格相比具有一定的竞争力，从而为更广泛、更大规模的应用创造有利条件，是太阳能电池领域一直努力解决的问题。光伏技术若要与传统的化石能源技术抗衡，其成本必须削减 2～5 成。硅基太阳能电池作为一种传统的光伏电池，其成本绝大部分来源于原材料的耗费，由于传统硅基太阳能电池厚度为 180～300 μm，从节省原材料的角度考虑，硅基薄膜太阳能电池和其他薄膜太阳能电池应运而生。然而，薄膜太阳能电池为了提升太阳光谱的利用率和实现高效转换，不得不使用铟和镉等稀有元素，或者其他有毒有害材料，这成为产业应用的不利因素。另外，太阳能电池转换效率的提高可以从以下三方面考虑：扩大带宽，尽可能多地接收太阳光谱；提高光子利用率，将光子尽可能多地转化为分离的电子空穴对；提高收集率，减少能量以热形式的损耗。在这些方面，纳米结构都表现出了优良的特性。

纳米结构在太阳能电池中的应用主要在于：第一，纳米粒子充当亚波长的反射基体；第二，太阳光具有波粒二象性，波动性提示我们太阳光也可以像其他电磁波一样被天线接收和放大，现代的纳米技术为制造太阳能纳米天线提供了保障，通过调节纳米结构的尺寸和形状，理论上可以制备出任何禁带宽度的材料，以供天线制备；第三，研究发现，金属纳米结构若设计成MIM，即金属–绝缘体–半导体结构，则在边界处会激发表面等离子体激元，其可将Ag纳米颗粒的共振波长由可见波段调制到近红外波段。此外，金属微纳结构的制备技术简单，与很多太阳能电池的制备工艺兼容。这些优势使得近几年表面等离子体激元在光伏领域的研究热度逐渐上升。

传统具有纳米结构的薄膜太阳能电池，主要包括纳米晶体硅太阳能电池和基于纳米金属氧化物的染料敏化太阳能电池。太阳光照射到敏化染料上产生光生载流子，这些载流子会被宽禁带半导体电极（如透明 TiO_2）收集并形成电流，这就是染料敏化太阳能电池的能量转换过程。尽管染料产生载流子的效率非常高，但是由于染料的单分子层只能吸收少量有限的光子，所以常规染料敏化太阳能电池的发电效率并不高。通过使用纳米 TiO_2 电极材料替代表面相对平滑的微晶体电极材料可解决这一问题，纳米 TiO_2 电极材料的使用有效提高了染料的光吸收面积，从而把电池转换效率提高了至少10%。除了纳米 TiO_2，人们还相继研究了用 ZnO、Nb_2O_5 和 SnO_2 等材料来代替N型电极材料。

量子结构太阳能电池主要利用的是量子限制效应，当材料的尺寸减小到与玻尔半径相近甚至小于玻尔半径的时候，材料的电性能将会强烈地受到“量子限制效应”的影响。因为当测量范围非常小时，能量和动量都同时存在很大的量子不确定性。量子化的作用使得材料的价带和导带边缘发生移动，从而改变禁带宽度的大小。这种尺寸效应在多结太阳能电池上有相当大的应用潜力，因为理论上它可以制造出任何想要的禁带宽度，而这正是多结太阳能电池所希望达到的。量子结构太阳能电池主要包括有机/无机混合型太阳能电池、中间能带太阳能电池、量子阱太阳能电池、全硅多结太阳能电池和锗纳米晶体多结太阳能电池等。

本章将对纳米光伏技术的全球专利布局、技术发展趋势、技术构成、专利权人等进行分析，从而全面揭示纳米光伏技术的发展现状。本章专利数据来自 ISI Derwent Innovations Index 数据库，共包括纳米光伏技术相关专利 5837 项。2015—2017 年的数据由于数据公开滞后性等多种原因导致不全，仅供参考。

3.2　全球专利申请趋势分析

从纳米光伏技术的专利数量年度变化趋势来看（见图 3.1），纳米

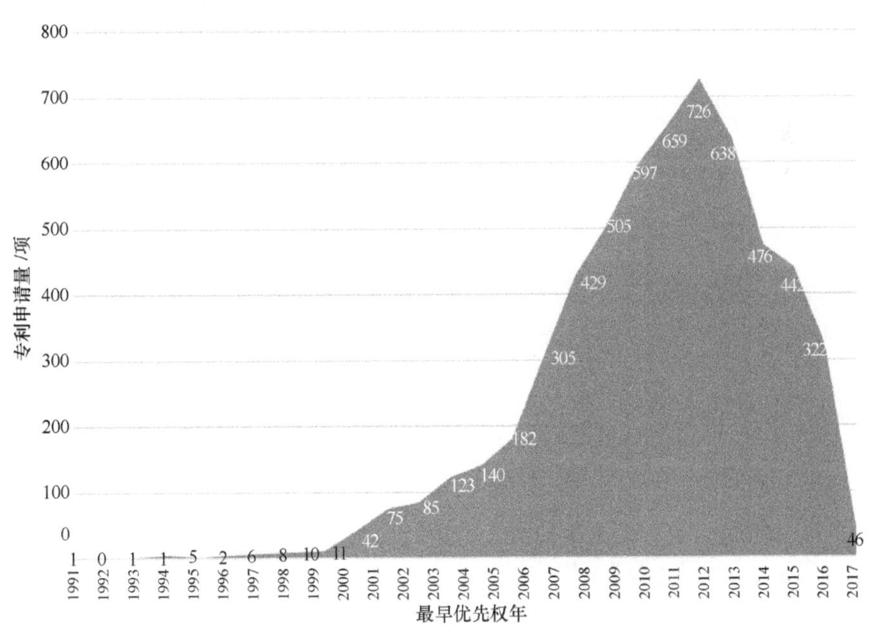

图 3.1　纳米光伏技术全球专利数量年度变化趋势

光伏技术在 2000 年之前发展比较缓慢，年度专利量低于 20 项；最早的专利是德国 INST NEUE MATERIALIEN GEMEINNUETZIGE 在 1991 年申请的一项关于光学元件用纳米颗粒技术的专利；2001 年之后，专利量呈现明显上升趋势，年度专利量从 40 多项发展到 2012 年的 700 多项，这与纳米技术的迅速发展具有重大关系。总体来看，纳米光伏技术领域目前已经不处于最蓬勃发展的时期（2015—2017 年的数据仅供参考）。

3.3 专利技术生命周期分析

表 3.1 和图 3.2 是对纳米光伏技术生命周期的分析（由于检索时间是 2017 年，当年数据不全，故本分析未使用 2017 年的数据），可以看出：2000 年前纳米光伏技术领域的专利权人数量和专利量都比较少，处于技术萌芽期；2001—2012 年，专利权人数量和专利量都快速增加，处于技术成长期；2012 年之后，专利权人数量和专利量都开始减少，进入了技术成熟期甚至进入了技术衰退期（见表 3.1）。

表 3.1 纳米光伏技术方向年度专利权人数量和专利量

年 份	1991	1992	1993	1994	1995	1996	1997	1998	1999
专利权人数量/个	1	0	1	1	5	2	4	6	9
专利量/项	1	0	1	1	5	2	6	8	10
年 份	2000	2001	2002	2003	2004	2005	2006	2007	2008
专利权人数量/个	14	30	64	62	89	102	124	201	274
专利量/项	11	42	75	85	123	140	182	305	429
年 份	2009	2010	2011	2012	2013	2014	2015	2016	
专利权人数量/个	307	369	401	435	405	330	289	197	
专利量/项	505	597	659	726	638	476	442	322	

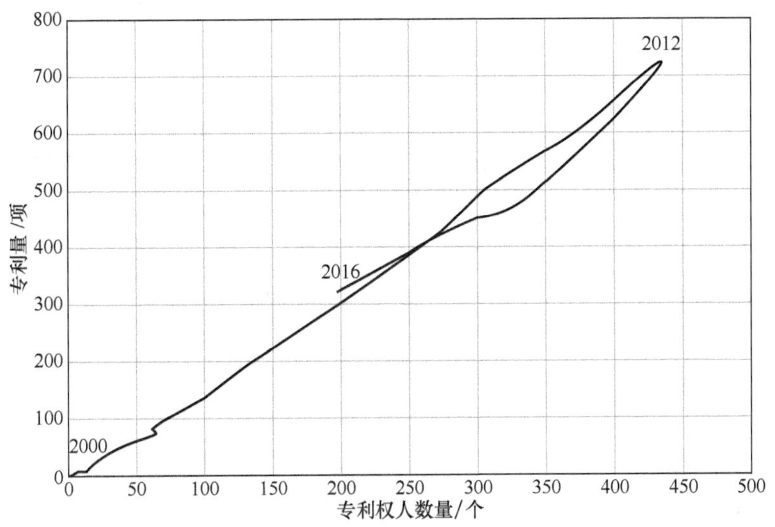

图 3.2　纳米光伏技术生命周期分析

3.4　全球专利技术布局分析

对纳米光伏技术领域主要的技术方向（国际专利分类号）进行分析（见图 3.3），可以看出，该领域的主要技术方向是 H01L-031/18（专门适用于制造或处理把辐射能转换为电能的半导体器件或其部件的方法或设备）；H01L-031/042（太阳能电池板或阵列）；B82Y-040/00（纳米结构的制造或处理）；B82Y-030/00（用于材料和表面科学的纳米技术）；B82B-003/00（通过操纵单个原子、分子或作为孤立单元的极少量原子或分子的集合的纳米结构的制造或处理）；H01G-009/20（光敏器件）；H01L-031/04（用作光伏[PV]转换器件）；H01L-031/0224（电极）；H01L-051/42（专门适用于感应红外线辐射、光、较短波长的电磁辐射或微粒辐射；专门适用于将这些辐射能转换为电能，或者适用于通过这样的辐射进行电能的控制）和 B82B-001/00（通过操纵单个原子、分子或作为孤立单元的极少量原子或分子的集合而形成的纳米结构）。

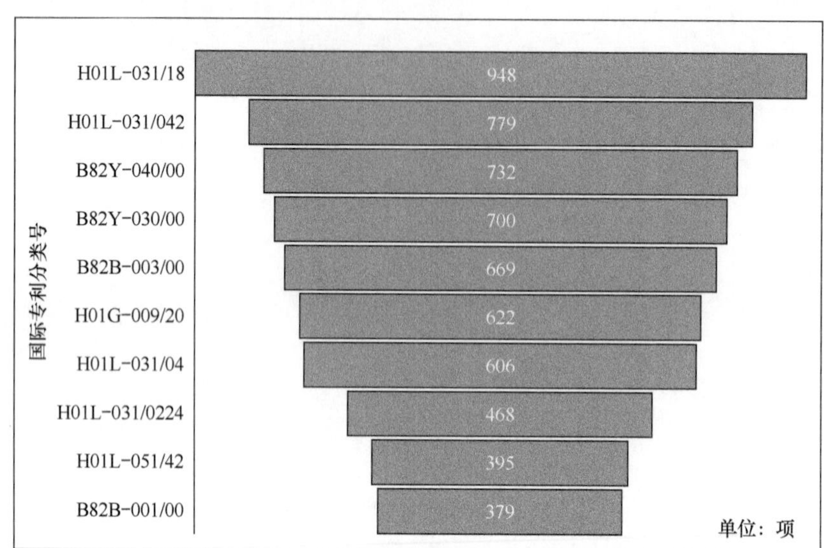

图 3.3　纳米光伏技术领域主要的技术方向（国际专利分类号）的专利量

从主要技术方向的时间发展趋势来看（见表 3.2），纳米光伏技术领域最早的技术方向是：H01L-031/18（专门适用于制造或处理把辐射能转换为电能的半导体器件或其部件的方法或设备），接着是 H01G-009/20（光敏器件）和 H01L-031/04（用作光伏[PV]转换器件），这些技术方向在 2007 年之后专利量都大幅度提升。2013 年后，各技术方向专利量都开始减少，比较来看，近几年主要的技术方向是 H01L-031/18（专门适用于制造或处理把辐射能转换为电能的半导体器件或其部件的方法或设备）、B82Y-040/00（纳米结构的制造或处理）和 B82Y-030/00（用于材料和表面科学的纳米技术），可见太阳能电池的生命力由于纳米技术而得到了加强和延续。

结合表 3.3 的分析可以看出，纳米光伏技术领域的主要技术方向近几年都处于研发状态，近三年占比最多的技术方向是 H01L-051/42（专门适用于感应红外线辐射、光、较短波长的电磁辐射或微粒辐射；

专门适用于将这些辐射能转换为电能，或者适用于通过这样的辐射进行电能的控制），占比达到 22%。表 3.3 中还列出了各技术方向的主要专利权人，其中，中国机构在 H01G-009/20（光敏器件）方向扮演重要角色，主要专利权人中包括复旦大学和北京大学。

表 3.2　纳米光伏技术主要技术方向时间发展趋势（年度专利量）

单位：项

年份	H01L-031/18	H01L-031/042	B82Y-040/00	B82Y-030/00	B82B-003/00	H01G-009/20	H01L-031/04	H01L-031/0224	H01L-051/42	B82B-001/00
1994	1	—	—	—	—	—	—	—	—	—
1995	—	—	—	—	—	2	1	—	—	—
1996	—	—	—	—	—	—	—	—	—	—
1997	—	—	—	—	—	1	1	—	—	—
1998	2	—	—	—	2	—	—	—	—	—
1999	—	—	—	—	2	1	2	—	—	2
2000	—	—	—	—	2	—	—	—	—	2
2001	5	2	—	1	6	1	5	1	2	8
2002	3	5	2	1	14	9	23	4	4	7
2003	2	7	2	2	18	2	23	4	1	10
2004	7	9	5	6	19	11	31	4	3	15
2005	7	21	5	4	20	10	25	4	10	17
2006	24	30	8	9	28	10	32	12	18	20
2007	53	64	13	16	58	29	54	21	22	34
2008	65	68	39	38	87	31	69	15	23	48
2009	67	118	53	48	119	51	58	35	46	46
2010	104	153	72	65	84	68	60	58	53	35
2011	153	118	126	98	60	83	76	77	35	33
2012	158	120	105	93	52	83	45	74	42	32
2013	131	34	113	114	52	76	60	50	27	41
2014	69	17	77	81	35	45	22	35	21	21
2015	52	8	55	66	9	46	11	40	33	7
2016	40	4	46	49	2	57	8	32	48	1
2017	5	1	11	9	—	6	—	2	7	—

表 3.3　纳米光伏技术领域主要技术方向

技术方向	专利量/项	活跃年份	近三年活跃度	主要专利权人
H01L-031/18:专门适用于制造或处理把辐射能转换为电能的半导体器件或其部件的方法或设备	948	1994—2017	10%	韩国科学技术研究院；LG 化学公司；韩国能源研究所
H01L-031/042:太阳能电池板或阵列	779	2001—2017	2%	LG 化学公司；韩国科学技术研究院；三星电子公司
B82Y-040/00：纳米结构的制造或处理	732	2002—2017	15%	三星电子公司；锐珂医疗；韩国科学技术研究院
B82Y-030/00：用于材料和表面科学的纳米技术	700	2001—2017	18%	三星电子公司；锐珂医疗；LG 化学公司
B82B-003/00：通过操纵单个原子、分子或作为孤立单元的极少量原子或分子的集合的纳米结构的制造或处理	669	1998—2016	2%	三星电子公司；韩国科学技术研究院；成均馆大学产学合作基金会；高丽大学产学合作基金会
H01G-009/20：光敏器件	622	1995—2017	18%	复旦大学；北京大学；日本 ZEON 株式会社
H01L-031/04：用作光伏[PV]转换器件	606	1995—2016	3%	三星电子公司；富士胶片公司；三菱材料公司
H01L-031/0224：电极	468	2001—2017	16%	三星电子公司；韩国科学技术研究院；LG 化学公司；亥姆霍兹柏林能源材料中心

续表

技术方向	专利量/项	活动年限	近三年比例	主要专利权人
H01L-051/42：专门适用于感应红外线辐射、光、较短波长的电磁辐射或微粒辐射；专门适用于将这些辐射能转换为电能，或者适用于通过这样的辐射进行电能的控制	395	2001—2017	22%	韩国科学技术研究院；三星电子公司；天津职业大学
B82B-001/00：通过操纵单个原子、分子或作为孤立单元的极少量原子或分子的集合而形成的纳米结构	379	1999—2016	2%	三星电子公司；韩国科学技术研究院；高丽大学产学合作基金会

3.5　国家/地区分布分析

3.5.1　国家/地区申请活跃度分析

全球有多个国家/地区开展了纳米光伏技术的研发工作。从专利技术的国家/地区来源来看（见图 3.4），前十位是中国大陆、美国、韩国、日本、中国台湾、欧洲地区、德国、英国、印度和法国。其中，中国大陆占比高达 32%，可见中国大陆是纳米光伏技术的主要技术来源地，美国、韩国以 21%的比例位列第二，紧随其后的日本占比为 14%。其他国家/地区的占比则只有个位数。前四个国家/地区的占比达到了总数的 88%，可见该技术主要掌握在这四个国家/地区中。

从纳米光伏技术的主要专利布局国家/地区来看（见图 3.5），前十位分别是中国大陆、美国、韩国、世界申请、日本、欧洲申请、中国台湾、印度、德国和澳大利亚。与专利技术来源国家/地区相比，英国和法国作为主要的专利技术来源国家，没有进入专利布局国家/地区的前十位，而澳大利亚则进入了。相比于专利技术来源主要集中在中国大陆、美国和日本的情况来看，专利技术布局则分布得更加分散。中国大陆的专利技术来源比例明显高于中国大陆的专利技术布局比例，美国、韩国和日本的专利技术来源比例也稍高于其专利技术布局比例，相应地，世界申请和欧洲申请的布局比例都比较高。总体来看，纳米光伏技术偏重全球视野，市场应用前景广阔。

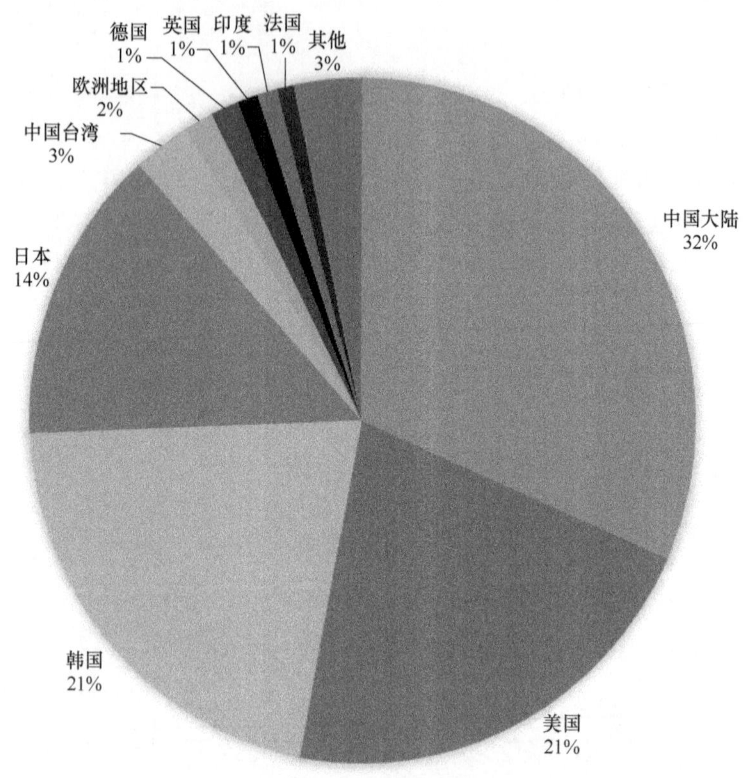

图 3.4　专利技术来源国家/地区分析

从专利技术来源国家/地区的时间发展趋势来看（见表 3.4），德国最先申请了相关专利，之后美国和英国进入该领域，而作为主要专利技术来源的中国大陆则从 2001 年才进入该领域。韩国作为该领域的重要研发国家，在 2000 年才进入该领域。德国虽然进入该领域比较早，但是研发一直处于平稳状态；美国从 2006 年开始专利量大量提升；韩国从 2007 年开始专利量大量提升；中国大陆则从 2008 年开始大量在该领域布局研发。近几年，中国大陆持续在该领域保持发展，其他国家/地区的研发量则逐渐减少。

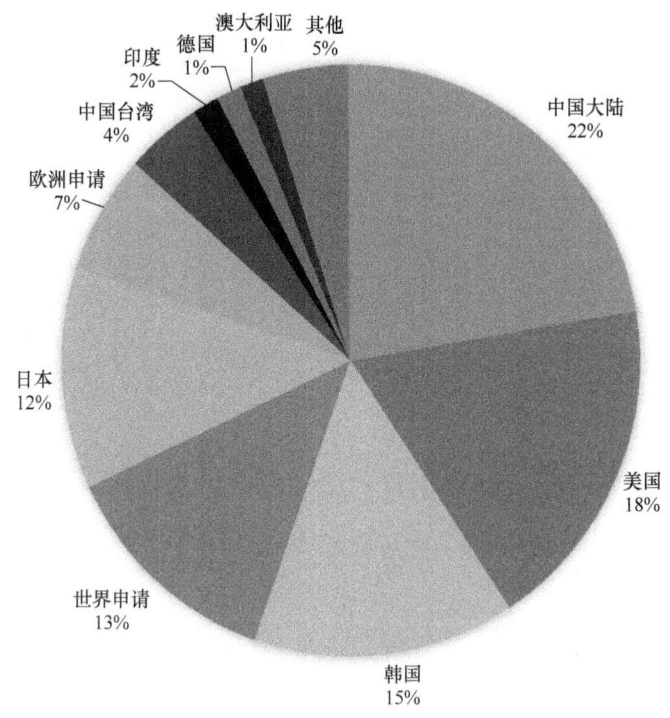

图 3.5　专利布局国家/地区分析

表 3.4　纳米光伏技术领域主要专利技术来源国家/地区的时间发展趋势

单位：项

年份	中国大陆	美国	韩国	日本	中国台湾	欧洲地区	德国	英国	印度	法国
1991	—	—	—	—	—	—	1	—	—	—
1992	—	—	—	—	—	—	—	—	—	—
1993	—	1	—	—	—	—	—	—	—	—
1994	—	—	—	—	—	—	1	—	—	—
1995	—	1	—	—	—	—	1	1	—	—

续表

年份	中国大陆	美国	韩国	日本	中国台湾	欧洲地区	德国	英国	印度	法国
1996	—	—	—	—	—	—	—	—	—	1
1997	—	3	—	1	—	1	1	—	—	—
1998	—	2	—	2	—	—	2	—	—	—
1999	—	—	—	4	—	—	1	—	—	—
2000	—	4	1	2	—	—	2	—	—	—
2001	1	25	2	4	—	2	3	1	—	1
2002	6	31	2	25	—	—	3	2	—	1
2003	7	32	4	32	—	1	2	—	1	1
2004	10	60	9	37	1	—	4	—	—	1
2005	18	44	20	37	4	1	1	4	—	2
2006	24	98	21	22	7	4	2	1	—	—
2007	44	107	71	41	17	2	5	6	1	2
2008	82	115	89	72	25	10	5	2	3	6
2009	100	104	148	84	24	10	11	6	1	2
2010	165	123	155	77	21	8	11	9	3	10
2011	204	131	159	93	19	10	5	5	4	10
2012	247	133	190	93	11	8	5	10	7	5
2013	256	112	130	75	13	6	8	8	9	5
2014	156	61	131	67	11	8	5	3	11	3
2015	186	54	107	45	4	11	1	1	10	1
2016	290	9	9	6	1	2	—	—	3	—
2017	43	—	—	1	1	—	—	—	1	—

3.5.2 国家/地区专利技术布局

表 3.5 对 Top10 国家/地区的主要研发机构、活跃年份、近三年活跃度和主要技术方向进行分析，可以看出，近三年最活跃的国家/地区是中国大陆和印度；德国最早进入该技术领域，但近三年的活跃度较低，仅为 1%。

表 3.5　Top10 国家/地区专利技术分析

国家/地区	专利量/项	主要研发机构	活跃年份	近三年活跃度	主要技术方向
中国大陆	1839	中国科学院；复旦大学；清华大学	2001—2017	28%	H01G-009/20（光敏器件） H01L-031/18（专门适用于制造或处理把辐射能转换为电能的半导体器件或其部件的方法或设备） H01L-051/48（专门适用于感应红外线辐射、光、较短波长的电磁辐射或微粒辐射，专门适用于将这些辐射能转换为电能，或者适用于通过这样的辐射进行电能的控制的制造或处理这种器件或其部件的方法或设备）
美国	1250	加利福尼亚大学；锐珂医疗；斯坦福大学；NANOSOLAR 公司；得克萨斯大学	1993—2016	5%	H01L-031/18（专门适用于制造或处理把辐射能转换为电能的半导体器件或其部件的方法或设备） B82Y-030/00（用于材料和表面科学的纳米技术） B82Y-040/00（纳米结构的制造或处理）
韩国	1248	三星电子公司；韩国科学技术研究院；LG 化学公司	2000—2016	9%	H01L-031/042（太阳能电池板或阵列） B82B-003/00（通过操纵单个原子、分子或作为孤立单元的极少量原子或分子的集合的纳米结构的制作或处理） H01L-031/18（专门适用于制造或处理把辐射能转换为电能的半导体器件或其部件的方法或设备）
日本	820	柯尼卡美能达；富士胶片公司；日本 ZEON 株式会社	1997—2017	6%	H01L-031/04（用作光伏[PV]转换器件） H01B-005/14（在绝缘支承物上有导电层或导电薄膜的导电物体） H01B-013/00（制造导体或电缆制造的专用设备或方法）

续表

国家/地区	专利量/项	主要研发机构	活跃年份	近三年活跃度	主要技术方向
中国台湾	159	台湾电子公司；台湾大学；台湾清华大学	2004—2017	4%	H01L-031/042（太阳能电池板或阵列） H01L-031/18（专门适用于制造或处理把辐射能转换为电能的半导体器件或其部件的方法或设备） H01L-031/0224（电极）
欧洲地区	84	巴斯夫公司；默克专利有限公司；汉高公司	1997—2016	15%	H01L-051/42（专门适用于感应红外线辐射、光、较短波长的电磁辐射或微粒辐射；专门适用于将这些辐射能转换为电能，或者适用于通过这样的辐射进行电能的控制） H01L-051/00（使用有机材料作为有源部分或使用有机材料与其他材料的组合作为有源部分的固态器件；专门适用于制造或处理这些器件或其部件的工艺方法或设备） B82Y-040/00（纳米结构的制造或处理）
德国	80	亥姆霍兹柏林能源材料中心；德国夫琅和费应用研究促进学会；拜耳科技公司	1991—2015	1%	H01L-031/18（专门适用于制造或处理把辐射能转换为电能的半导体器件或其部件的方法或设备） B82B-003/00（通过操纵单个原子、分子或作为孤立单元的极少量原子或分子的集合的纳米结构的制造或处理） H01L-031/0224（电极）
英国	59	挪威科技大学；夏普株式会社；ISIS 创新公司	1995—2015	2%	B82Y-040/00（纳米结构的制造或处理） B82Y-030/00（用于材料和表面科学的纳米技术） H01L-051/42（专门适用于感应红外线辐射、光、较短波长的电磁辐射或微粒辐射；专门适用于将这些辐射能转换为电能，或者适用于通过这样的辐射进行电能的控制）

续表

国家/地区	专利量/项	主要研发机构	活跃年份	近三年活跃度	主要技术方向
印度	54	印度科学技术委员会；新德里印度技术研究院；AMITY 大学	2003—2017	26%	B82Y-030/00（用于材料和表面科学的纳米技术） B82Y-040/00（纳米结构的制造或处理） H01L-031/00（对红外辐射、光、较短波长的电磁辐射，或者微粒辐射敏感的，并且专门适用于把这样的辐射能转换为电能的，或者专门适用于通过这样的辐射进行电能控制的半导体器件；专门适用于制造或处理这些半导体器件或其部件的方法或设备；其零部件）
法国	51	法国原子能委员会；法国国家科学研究院；法国阿科玛	1996—2015	2%	B82Y-040/00（纳米结构的制造或处理） B82Y-030/00（用于材料和表面科学的纳米技术） H01L-031/042（太阳能电池板或阵列） B82B-003/00（通过操纵单个原子、分子或作为孤立单元的极少量原子或分子的集合的纳米结构的制造或处理）

中国大陆的主要研发机构是中国科学院、复旦大学和清华大学，主要技术方向是 H01G-009/20（光敏器件）、H01L-031/18（专门适用于制造或处理把辐射能转换为电能的半导体器件或其部件的方法或设备）、H01L-051/48（专门适用于感应红外线辐射、光、较短波长的电磁辐射或微粒辐射，专门适用于将这些辐射能转换为电能，或者适用于通过这样的辐射进行电能的控制的制造或处理这种器件或其部件的方法或设备）。

美国的主要研发机构是加利福尼亚大学、锐珂医疗、斯坦福大学、NANOSOLAR 公司和得克萨斯大学，主要技术方向是 H01L-031/18（专门适用于制造或处理把辐射能转换为电能的半导体器件或其部件的方法或设备）、B82Y-030/00（用于材料和表面科学的纳米技术）、B82Y-040/00（纳米结构的制造或处理）。

韩国的主要研发机构是三星电子公司、韩国科学技术研究院和LG 化学公司，主要技术方向是 H01L-031/042（太阳能电池板或阵列）、B82B-003/00（通过操纵单个原子、分子或作为孤立单元的极少量原子或分子的集合的纳米结构的制作或处理）和 H01L-031/18（专门适用于制造或处理把辐射能转换为电能的半导体器件或其部件的方法或设备）。

日本的主要研发机构是柯尼卡美能达、富士胶片公司和日本ZEON 株式会社，主要技术方向是 H01L-031/04（用作光伏[PV]转换器件）、H01B-005/14（在绝缘支承物上有导电层或导电薄膜的导电物体）和 H01B-013/00（制造导体或电缆制造的专用设备或方法）。

中国台湾的主要研发机构是台湾电子公司、台湾大学和台湾清华大学，主要技术方向是 H01L-031/042（太阳能电池板或阵列）、H01L-031/18（专门适用于制造或处理把辐射能转换为电能的半导体器件或其部件的方法或设备）和 H01L-031/0224（电极）。

欧洲地区的主要研发机构是巴斯夫公司、默克专利有限公司和汉高公司，主要技术方向是 H01L-051/42（专门适用于感应红外线辐射、光、较短波长的电磁辐射或微粒辐射；专门适用于将这些辐射能转换为电能，或者适用于通过这样的辐射进行电能的控制）、H01L-051/00（使用有机材料作为有源部分或使用有机材料与其他材料的组合作为有源部分的固态器件；专门适用于制造或处理这些器件或其部件的工艺方法或设备）和 B82Y-040/00（纳米结构的制造或处理）。

德国的主要研发机构是亥姆霍兹柏林能源材料中心、德国夫琅和费应用研究促进学会和拜耳科技公司，主要技术方向是 H01L-031/18（专门适用于制造或处理把辐射能转换为电能的半导体器件或其部件的方法或设备）、B82B-003/00（通过操纵单个原子、分子或作为孤立单元的极少量原子或分子的集合的纳米结构的制造或处理）、H01L-031/0224（电极）。

英国的主要研发机构是挪威科技大学、夏普株式会社和 ISIS 创新公司，主要技术方向是 B82Y-040/00（纳米结构的制造或处理）、B82Y-030/00（用于材料和表面科学的纳米技术）和 H01L-051/42（专门适用于感应红外线辐射、光、较短波长的电磁辐射或微粒辐射；专门适用于将这些辐射能转换为电能，或者适用于通过这样的辐射进行电能的控制）。

印度的主要研发机构是印度科学技术委员会、新德里印度技术研究院和 AMITY 大学，主要技术方向是 B82Y-030/00（用于材料和表面科学的纳米技术）、B82Y-040/00（纳米结构的制造或处理）和 H01L-031/00（对红外辐射、光、较短波长的电磁辐射，或者微粒辐射敏感的，并且专门适用于把这样的辐射能转换为电能的，或者专门适用于通过这样的辐射进行电能控制的半导体器件；专门适用于制造或处理这些半导体器件或其部件的方法或设备；其零部件）。

法国的主要研发机构是法国原子能委员会、法国国家科学研究院和法国阿科玛，主要技术方向是 B82Y-040/00（纳米结构的制造或处理）、B82Y-030/00（用于材料和表面科学的纳米技术）、H01L-031/042（太阳能电池板或阵列）和 B82B-003/00（通过操纵单个原子、分子或作为孤立单元的极少量原子或分子的集合的纳米结构的制造或处理）。

综合来看，各国家/地区的技术方向都集中在纳米光伏方法和设备，以及纳米工艺的研究上。

3.6　技术流向分析

对 Top3 和 Top10 专利技术来源国家/地区的技术流向进行分析（见图 3.6 和表 3.6），可以看出，中国大陆作为该项技术的主要来源国家/地区，专利技术流向其他国家/地区的比例很低，即使美国作为中国大陆最大的专利技术布局国，其占比也仅为 2.5%。相比来看，美国和韩国的国外专利布局就做得比较好：美国在中国大陆的专利布局比例达到了 21%，中国大陆是美国最关注的国外市场。同时，美国也进行了大量的世界申请和欧洲专利申请；韩国在美国的专利布局比例高达 26.4%，美国是韩国最重视的技术市场，同时韩国也进行了大量的世界申请和欧洲专利申请。

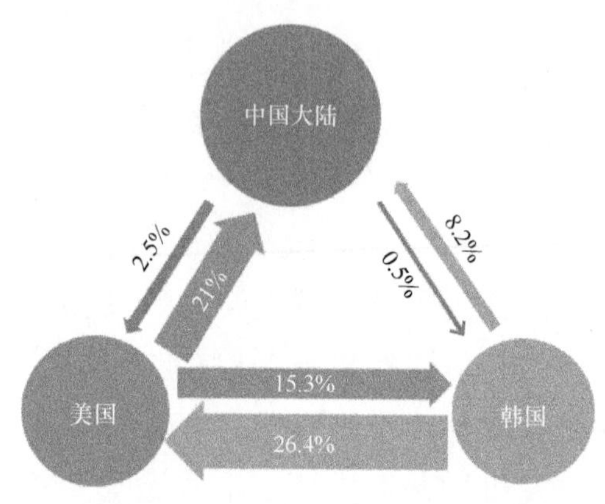

图 3.6　纳米光伏技术领域 Top3 专利技术来源国家/地区的技术流向分析

表 3.6　纳米光伏技术领域 Top10 专利技术来源国家/地区的技术流向分析

单位：项

专利量	国家/地区	中国大陆	美国	韩国	世界申请	日本	欧洲申请	中国台湾	印度	德国	澳大利亚
1839	中国大陆	1836	47	10	32	29	18	15	2	2	—
1250	美国	262	1163	191	613	247	302	162	61	34	71
1248	韩国	102	330	1224	190	98	85	33	2	7	2
820	日本	105	169	74	198	794	69	67	6	12	4
159	中国台湾	11	82	—	—	10	3	149	—	—	—
84	欧洲地区	27	37	25	71	28	66	16	8	—	8
80	德国	19	30	13	41	20	30	6	5	79	9

续表

专利量	国家/地区	中国大陆	美国	韩国	世界申请	日本	欧洲申请	中国台湾	印度	德国	澳大利亚
59	英国	25	35	17	46	27	34	10	13	4	12
54	印度	3	12	3	13	3	6	—	50	2	—
51	法国	17	32	17	39	24	35	3	2	1	4

注：第二列为专利技术来源国家/地区，第一行为专利技术布局国家/地区。

在其他国家/地区中，日本、德国、英国和法国最重视的国外技术市场都是美国，其也都有一定数量的世界申请和欧洲专利申请；印度和中国台湾的专利输出欠佳，中国台湾甚至没有世界申请。

综合来看，在主要专利技术来源国家/地区中，中国大陆、印度和中国台湾虽然研发了大量的相关技术，但是技术输出较少。

3.7　专利权人分析

纳米光伏技术全球主要的专利权人（Top11）是中国科学院、三星电子公司、韩国科学技术研究院、LG 化学公司、成均馆大学产学合作基金会、复旦大学、柯尼卡美能达、加利福尼亚大学、汉阳大学产学合作基金会、首尔大学产学合作基金会和高丽大学产学合作基金会（见图 3.7）。Top11 机构中有七家机构来自韩国，另有两家机构来自中国、一家来自美国、一家来自日本。其机构类型主要是科研机构和大学，只有三家是公司。

表 3.7 对 Top11 专利权人的近三年活跃度和主要技术方向进行了分析，可以看出，近三年活跃度最高的机构是中国的复旦大学，其次是韩国的首尔大学和中国的中国科学院。LG 化学公司近三年的活跃度最低。

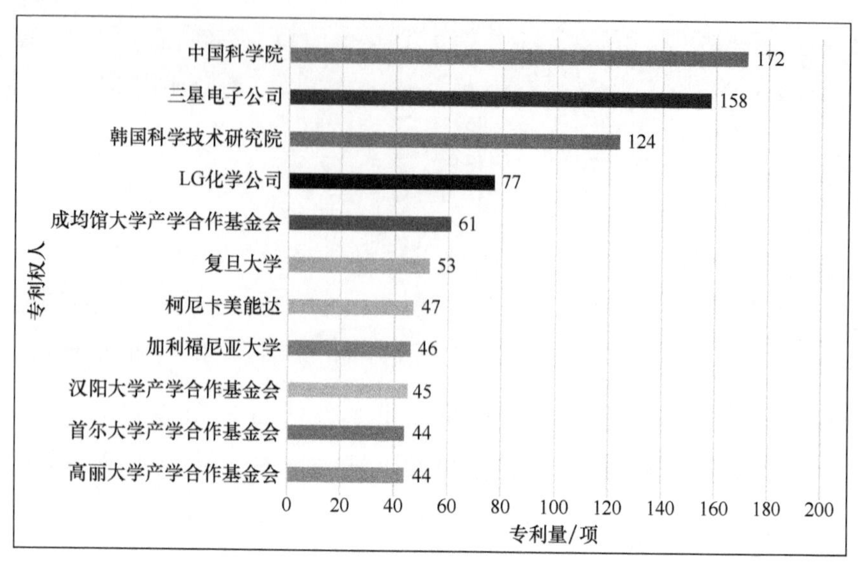

图 3.7 纳米光伏技术主要专利权人

表 3.7 纳米光伏技术主要专利权人技术方向分析

专利权人	专利量/项	国家	机构类型	近三年活跃度	主要技术方向
中国科学院	172	中国	科研机构	15%	H01L-031/18（专门适用于制造或处理把辐射能转换为电能的半导体器件或其部件的方法或设备） H01G-009/20（光敏器件） H01L-051/48（专门适用于感应红外线辐射、光、较短波长的电磁辐射或微粒辐射，专门适用于将这些辐射能转换为电能，或者适用于通过这样的辐射进行电能的控制的制造或处理这种器件或其部件的方法或设备）
三星电子公司	158	韩国	公司	13%	B82B-003/00（通过操纵单个原子、分子或作为孤立单元的极少量原子或分子的集合的纳米结构的制造或处理） H01L-031/042（太阳能电池板或阵列） B82Y-040/00（纳米结构的制造或处理）

续表

专利权人	专利量/项	国家	机构类型	近三年活跃度	主要技术方向
韩国科学技术研究院	124	韩国	科研机构	10%	H01L-031/042（太阳电池板或阵列） B82B-003/00（通过操纵单个原子、分子或作为孤立单元的极少量原子或分子的集合的纳米结构的制造或处理） H01L-031/18（专门适用于制造或处理把辐射能转换为电能的半导体器件或其部件的方法或设备）
LG 化学公司	77	韩国	公司	3%	H01L-031/042（太阳能电池板或阵列） H01L-031/18（专门适用于制造或处理把辐射能转换为电能的半导体器件或其部件的方法或设备） B82B-003/00（通过操纵单个原子、分子或作为孤立单元的极少量原子或分子的集合的纳米结构的制造或处理）
成均馆大学产学合作基金会	61	韩国	大学	13%	B82B-003/00（通过操纵单个原子、分子或作为孤立单元的极少量原子或分子的集合的纳米结构的制造或处理） H01L-031/042（太阳能电池板或阵列） H01L-031/04（用作光伏[PV]转换器件）
复旦大学	53	中国	大学	26%	H01G-009/20（光敏器件） H01M-014/00（电化学电流或电压发生器；及其制造） H01G-009/042（以材料为特征的电极）
柯尼卡美能达	47	日本	公司	11%	H01B-005/14（在绝缘支承物上有导电层或导电薄膜的导电物体） H01B-013/00（制造导体或电缆制造的专用设备或方法） H01L-051/50（有机发光二极管）

续表

专利权人	专利量/项	国家	机构类型	近三年活跃度	主要技术方向
加利福尼亚大学	46	美国	大学	4%	H01L-031/18（专门适用于制造或处理把辐射能转换为电能的半导体器件或其部件的方法或设备） B82Y-040/00（纳米结构的制造或处理） H01L-031/0352（以其形状或以多个半导体区域的形状、相关尺寸或配置为特征的通过这样的辐射进行电能控制的半导体器件） H01L-031/00（对红外辐射、光、较短波长的电磁辐射，或者微粒辐射敏感的，并且专门适用于把这样的辐射能转换为电能的，或者专门适用于通过这样的辐射进行电能控制的半导体器件；专门适用于制造或处理这些半导体器件或其部件的方法或设备；其零部件）
汉阳大学产学合作基金会	45	韩国	大学	4%	H01L-031/042（太阳能电池板或阵列） B82B-003/00（通过操纵单个原子、分子或作为孤立单元的极少量原子或分子的集合的纳米结构的制造或处理） H01L-031/04（用作光伏[PV]转换器件）
首尔大学产学合作基金会	44	韩国	大学	16%	B82B-003/00（通过操纵单个原子、分子或作为孤立单元的极少量原子或分子的集合的纳米结构的制造或处理） H01L-031/042（太阳能电池板或阵列） H01L-031/18（专门适用于制造或处理把辐射能转换为电能的半导体器件或其部件的方法或设备）
高丽大学产学合作基金会	44	韩国	大学	5%	B82B-003/00（通过操纵单个原子、分子或作为孤立单元的极少量原子或分子的集合的纳米结构的制造或处理） H01L-031/042（太阳能电池板或阵列） B82B-001/00（通过操纵单个原子、分子或作为孤立单元的极少量原子或分子的集合而形成的纳米结构）

中国科学院的主要技术方向是H01L-031/18（专门适用于制造或处理把辐射能转换为电能的半导体器件或其部件的方法或设备）、H01G-009/20（光敏器件）和H01L-051/48（专门适用于感应红外线辐射、光、较短波长的电磁辐射或微粒辐射，专门适用于将这些辐射能转换为电能，或者适用于通过这样的辐射进行电能的控制的制造或处理这种器件或其部件的方法或设备）。

三星电子公司的主要技术方向是B82B-003/00（通过操纵单个原子、分子或作为孤立单元的极少量原子或分子的集合的纳米结构的制造或处理）、H01L-031/042（太阳能电池板或阵列）和B82Y-040/00（纳米结构的制造或处理）。

韩国科学技术研究院的主要技术方向是H01L-031/042（太阳能电池板或阵列）、B82B-003/00（通过操纵单个原子、分子或作为孤立单元的极少量原子或分子的集合的纳米结构的制造或处理）和H01L-031/18（专门适用于制造或处理把辐射能转换为电能的半导体器件或其部件的方法或设备）。

LG化学公司的主要技术方向是H01L-031/042（太阳能电池板或阵列）、H01L-031/18（专门适用于制造或处理把辐射能转换为电能的半导体器件或其部件的方法或设备）和B82B-003/00（通过操纵单个原子、分子或作为孤立单元的极少量原子或分子的集合的纳米结构的制造或处理）。

成均馆大学产学合作基金会的主要技术方向是B82B-003/00（通过操纵单个原子、分子或作为孤立单元的极少量原子或分子的集合的纳米结构的制造或处理）、H01L-031/042（太阳能电池板或阵列）和H01L-031/04（用作光伏[PV]转换器件）。

复旦大学的主要技术方向是H01G-009/20（光敏器件）、H01M-014/00（电化学电流或电压发生器；及其制造）和H01G-009/042

（以材料为特征的电极）。

柯尼卡美能达的主要技术方向是 H01B-005/14（在绝缘支承物上有导电层或导电薄膜的导电物体）、H01B-013/00（制造导体或电缆制造的专用设备或方法）和 H01L-051/50（有机发光二极管）。

加利福尼亚大学的主要技术方向是 H01L-031/18（专门适用于制造或处理把辐射能转换为电能的半导体器件或其部件的方法或设备）、B82Y-040/00（纳米结构的制造或处理）、H01L-031/0352（以其形状或以多个半导体区域的形状、相关尺寸或配置为特征的通过这样的辐射进行电能控制的半导体器件）和 H01L-031/00（对红外辐射、光、较短波长的电磁辐射，或者微粒辐射敏感的，并且专门适用于把这样的辐射能转换为电能的，或者专门适用于通过这样的辐射进行电能控制的半导体器件；专门适用于制造或处理这些半导体器件或其部件的方法或设备；其零部件）。

汉阳大学产学合作基金会的主要技术方向是 H01L-031/042（太阳能电池板或阵列）、B82B-003/00（通过操纵单个原子、分子或作为孤立单元的极少量原子或分子的集合的纳米结构的制造或处理）和 H01L-031/04（用作光伏[PV]转换器件）。

首尔大学产学合作基金会的主要技术方向是 B82B-003/00（通过操纵单个原子、分子或作为孤立单元的极少量原子或分子的集合的纳米结构的制造或处理）、H01L-031/042（太阳能电池板或阵列）和 H01L-031/18（专门适用于制造或处理把辐射能转换为电能的半导体器件或其部件的方法或设备）。

高丽大学产学合作基金会的主要技术方向是 B82B-003/00（通过操纵单个原子、分子或作为孤立单元的极少量原子或分子的集合的纳米结构的制造或处理）、H01L-031/042（太阳能电池板或阵列）和 B82B-001/00（通过操纵单个原子、分子或作为孤立单元的极少量原子或分子的集合而形成的纳米结构）。

对 10 个主要专利权人的技术研发时间趋势进行分析（见表 3.8），可以看出，这些机构中最早进入该领域的是韩国科学技术研究院和加利福尼亚大学，之后是中国科学院和三星电子公司。三星电子公司从 2005 年开始在该领域有大量的技术产出，中国科学院从 2008 年开始有大量研发产出，并且在 2011 年达到高峰。近年来，各机构的研发量都有所减少，其中，三星电子公司在 2015 年申请了 21 件专利，是该领域近年来专利申请最多的机构。

表 3.8　纳米光伏技术主要专利权人时间趋势分析

单位：件

年份	中国科学院	三星电子公司	韩国科学技术研究院	LG 化学公司	成均馆大学产学合作基金会	复旦大学	柯尼卡美能达	加利福尼亚大学	汉阳大学产学合作基金会	首尔大学产学合作基金会
2001	—	—	1	—	—	—	—	2	—	—
2002	6	1	—	—	—	—	—	1	—	—
2003	—	1	—	1	—	1	2	2	—	—
2004	4	3	1	—	—	3	1	6	—	—
2005	3	11	1	—	—	3	—	2	—	—
2006	5	13	2	—	—	1	2	5	—	3
2007	2	20	5	8	5	4	11	3	1	2
2008	13	14	10	7	8	—	6	8	6	6
2009	16	12	9	12	10	1	7	2	11	13
2010	17	17	12	13	5	3	4	4	9	2
2011	29	9	27	12	4	10	2	6	10	6
2012	17	15	19	5	6	6	4	1	2	5
2013	24	13	9	7	8	4	1	1	1	3
2014	10	8	16	10	7	3	2	1	3	2
2015	13	21	12	2	8	11	5	2	1	2
2016	10	—	—	—	—	3	—	—	1	—
2017	3	—	—	—	—	—	—	—	—	—

对主要专利权人的专利布局国家/地区进行分析（见表 3.9），可以看出，中国科学院的主要布局国家/地区只有中国大陆，另有 2 件世界申请；三星电子公司的主要技术布局国家/地区是美国和韩国，在中国大陆也有 21 件专利布局；韩国科学技术研究院的主要专利布局国家/地区是韩国，其次是美国。其他机构的主要布局国家/地区也是本国/本地区，韩国机构大多重视美国市场的布局，日本、美国的机构则也比较重视世界专利和欧洲专利的申请。复旦大学类似于中国科学院，专利主要布局在中国大陆。综合来看，中国大陆机构的专利国际布局较为薄弱。

表 3.9　纳米光伏技术主要专利权人专利布局国家/地区分析

单位：件

专利权人	中国大陆	美国	韩国	世界申请	日本	欧洲申请	中国台湾	印度	德国	澳大利亚	加拿大	新加坡	中国香港
中国科学院	171	—	—	2	—	—	—	—	—	—	—	—	—
三星电子公司	21	132	137	9	26	30	2	1	3	—	—	—	—
韩国科学技术研究院	3	43	121	17	8	5	—	—	—	—	—	—	—
LG 化学公司	20	22	76	23	14	16	13	1	—	—	—	—	—
成均馆大学产学合作基金会	2	20	61	4	4	3	—	—	—	—	—	—	—
复旦大学	53	—	—	1	—	1	—	—	—	—	—	—	—
柯尼卡美能达	1	5	1	15	44	2	—	—	—	—	—	—	—
加利福尼亚大学	7	44	7	29	10	11	1	4	1	2	2	1	1
汉阳大学产学合作基金会	1	11	45	14	2	2	—	—	—	—	—	—	—
首尔大学产学合作基金会	6	13	44	10	2	1	—	—	1	—	—	—	—
高丽大学产学合作基金会	—	7	43	6	2	3	—	—	—	—	—	—	—

3.8　在华专利分析

纳米光伏技术的在华专利申请从 2002 年开始，之后专利申请呈现逐年上升的趋势。在 2005 年之前，专利量缓慢增长，从 2006 年开始，在华专利申请量猛增，并在 2016 年达到 563 项（见图 3.8）。

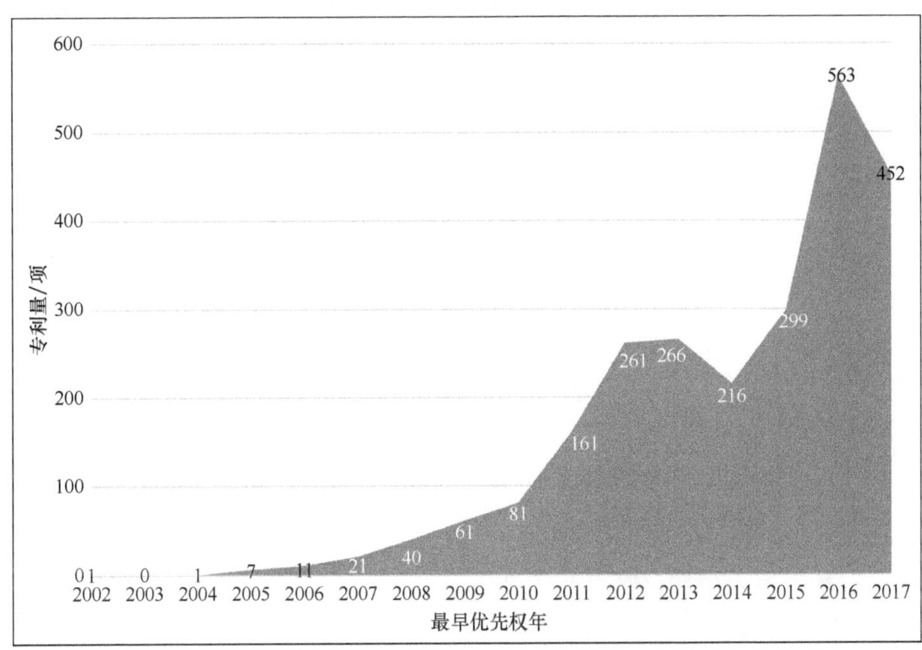

图 3.8　纳米光伏技术在华专利时间趋势分析

纳米光伏技术在华专利的主要来源国家/地区（见图 3.9）分别是中国大陆、美国、日本、韩国、欧洲地区、英国、德国、法国、中国台湾。其中，最主要的来源是中国大陆，占比达到 75%；美国占比为 11%；日本、韩国各占 4%；其他国家/地区占比则比较少。

对在华专利的主要专利权人进行分析（见图 3.10），可以看出，在华专利的主要专利权人是中国科学院、复旦大学、清华大学、浙江大学、北京化工大学、上海交通大学、上海大学、中原工学院、

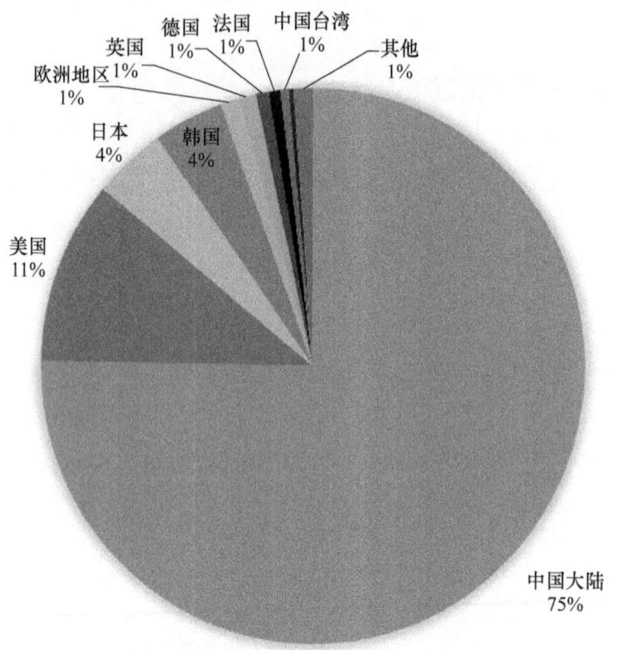

图 3.9　纳米光伏技术在华专利主要技术来源国家/地区

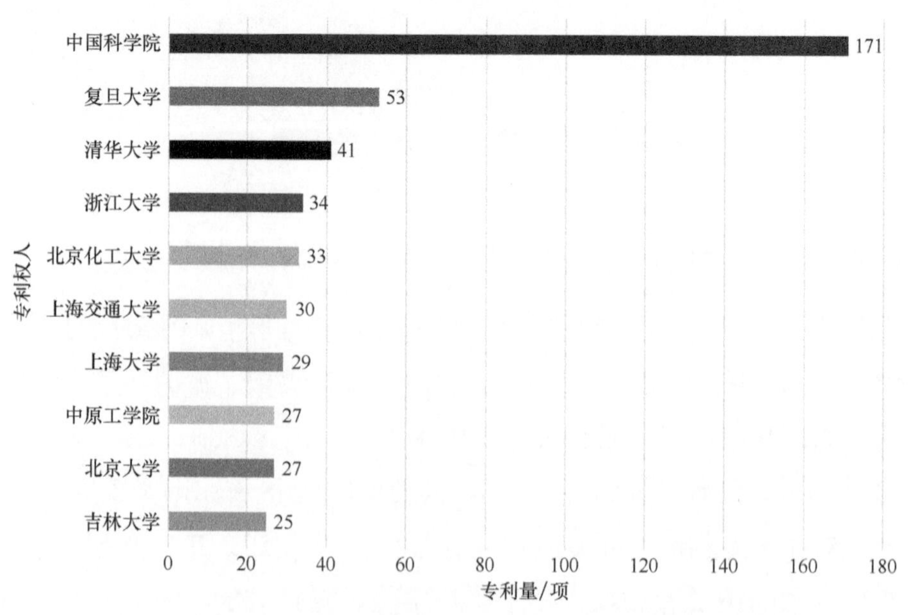

图 3.10　纳米光伏技术在华专利主要专利权人

北京大学和吉林大学。其中，中国科学院专利量最多，是第二名复旦大学的三倍多。Top10 专利权人全部是大学和科研机构，没有企业。Top10 专利权人全是中国机构，没有国外机构，说明在华申请专利的主要是中国机构。

对在华专利的法律状态进行分析（见图 3.11），可以看出，授权专利占比为 38%，实质审查占比为 23%，撤回专利占比为 16%，权利终止占比为 16%，驳回占比为 6%，放弃占比为 1%，可见该领域在华专利的有效率（授权和实质审查）为 61%，其余 39%都是无效专利。

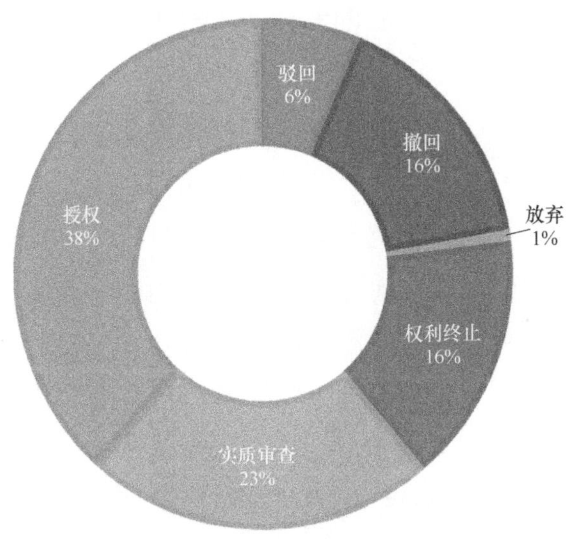

图 3.11　纳米光伏技术在华专利法律状态分析

3.9　小结

通过对纳米光伏技术领域的技术研究态势进行分析，可以看出，纳米光伏技术领域经过若干年的快速发展，已不处于最蓬勃发展的时期。该领域的主要技术方向主要集中在太阳能电池材料、方法、设备的研发及纳米材料的制备工艺上。由于引入了纳米技术，太阳能电池的生命力得到了加强和延续。中国大陆是纳米光伏技术的主要来源国家/地区，美国、韩国位列第二，日本紧随其后。相比于技术来源主要集中在中国大陆、美国、韩国和日本的情况，技术布局则更加分散，纳米光伏技术偏重全球视野，市场应用前景广阔。近几年来，在该领域保持发展的是中国大陆，其他国家/地区的研发量则逐渐减少。美国、韩国、日本在国外布局了大量专利，中国大陆、印度、中国台湾虽然研发了大量的相关技术，但是仅有少量技术输出；纳米光伏技术全球主要的专利权人是中国科学院、三星电子公司、韩国科学技术研究院、LG化学公司、成均馆大学产学合作基金会、复旦大学、柯尼卡美能达、加利福尼亚大学、汉阳大学产学合作基金会、首尔大学产学合作基金会和高丽大学产学合作基金会。韩国机构表现突出，三星电子公司是该领域近年来申请专利最多的机构。中国的中国科学院和复旦大学在专利国际布局方面都较薄弱。纳米光伏技术的在华专利呈现逐年上升的趋势，最主要的来源国家/地区是中国大陆，其次是美国、日本和韩国。在华专利的主要专利权人是中国科学院、复旦大学、清华大学、浙江大学、北京化工大学、上海交通大学、上海大学、中原工学院、北京大学和吉林大学，全部是来自中国的大学和科研机构。该领域在华专利的有效率（授权和实质审查）为61%。

综合来看，纳米光伏技术领域需要新的技术和方法的进一步刺激，从而迎来新的快速发展，进一步实现产品化，以改变现有光伏行业的产业现状，从成本、技术各方面替代传统能源技术。

第 4 章

纳米电极技术研究态势

4.1 背景

近年来，各个领域对电池能量密度的需求飞速提高，迫切需要开发更高能量密度的电池。目前常见的电池包括锂离子电池、蓄电池、干电池等种类，其中，锂离子电池具有工作电压高、质量轻、比能量大、自放电小、循环寿命长、无记忆效应和无环境污染等突出优点，被认为是摄像机、移动电话、笔记本电脑及便携式测量仪器等电子装置小型轻量化的理想电源，也是未来汽车高能动力电池的首选电源。

商业化的锂离子电池主要以石墨为负极材料，石墨的理论比容量为 372 mA·h/g，而市场上的高端石墨材料已经可以达到 360～365 mA·h/g，因此，锂离子电池能量密度的提升空间已相当有限。另外，锂离子电池还存在一些明显的缺陷，如目前的正极材料在循环使用中都会有不可逆的电池容量损失，而负极材料除此之外还存在电压滞后的问题。锂离子电池性能的提高关键在于其电极材料性能的改善，而合适的负极材料是提高电池容量和循环性能的重要因素。

进入 20 世纪 90 年代，纳米科技扩展到电化学领域。由于纳米材料具有小尺寸效应、量子尺寸效应、表面效应和量子隧道效应，因此纳米材料具有许多独特的物理性质和化学性质，如比表面积大、锂离子脱出嵌入深度小、行程短。作为电极材料，其可逆容量高、循环寿命长、充放电过程中体积变化小。

作为新型的电极材料，碳纳米管（CNTs）与石墨烯（Graphene）具有非常好的力学性能与导电性能，过渡金属氧化物与碳纳米管和石墨烯的复合材料成为电极研究的热点。复合材料综合了两种材料的优点，具有有益的循环性能、较高的比容量及结构稳定性。此外，一维纳米线、孔结构的氧化物负极材料等也得到了长足的发展。目前，正极材料的能量密度以每年 30～50 mA·h/g 的速度增长，并且材料微观结构尺度越来越小，正向着纳米级尺度发展。对于作为嵌锂材料的负极材料，碳纳米管及 C60 因其特殊的结构将成为高密度嵌锂材料的最佳选择，纳米结构可以提供更高的嵌锂容量，但其制备方法及如何堆积尚不明确，仍是相关研究的重要方向。目前负极材料的研究热点主要集中在以下几种：碳材料、硅基材料、纳米金属氧化物、金属及新型合金。

纳米电极材料面临的主要问题是成本过高，使得材料难以大规模生产、大规模实验验证其实用性，难以得到大规模使用。

4.2 专利申请时间趋势

截至检索日期，共检索到纳米电极技术相关的专利家族2327个，专利家族最早优先权年时间跨度为 1994 年至今，共 25 年，考虑到一般专利从申请到公开的时滞，近两年的专利申请量会出现失真。

纳米电极技术的专利量随时间的变化趋势，可以作为预测纳米电极技术发展趋势的重要参考指标。图 4.1 所示为纳米电极技术专利量的年度统计情况。自 1994 年以来，纳米电极技术的专利家族数量整体呈现稳定增长趋势，2011 年后每年申请专利突破 200 项，2016 年申请的专利量接近 400 项，为历年之最，2016 年和 2017 年的数据因为专利公开的滞后性有所失真。

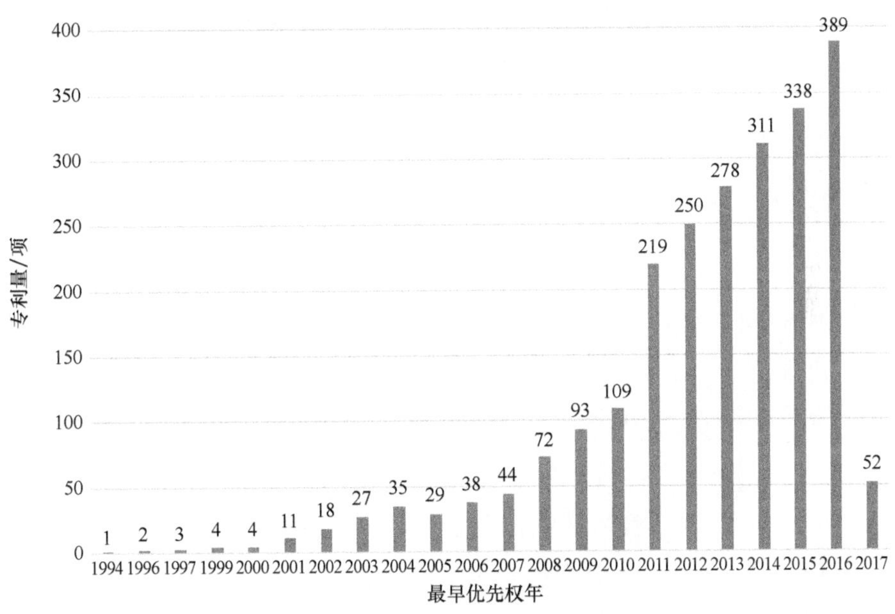

图 4.1　纳米电极技术专利量的年度统计情况

4.3　专利申请国家/地区分布

4.3.1　主要技术来源国家/地区分析

专利最早优先权国家/地区在一定程度上反映了技术的来源地，中国大陆的纳米电极技术专利产出最多，占比为 72%，从数量上占据了绝对优势；其次是韩国，占比为 10%；美国占比为 8%，排名第三位（见图 4.2）。

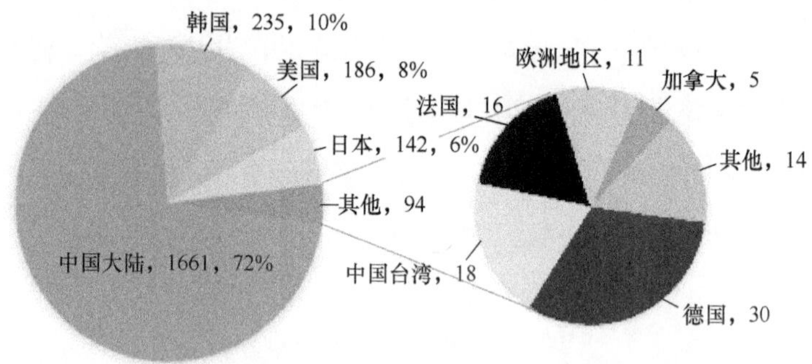

图 4.2　纳米电极技术来源国家/地区分析（单位：项）

4.3.2　主要技术专利家族分布国家/地区分析

为使技术获得多国专利保护，不少申请者纷纷将其发明创造向多个国家/地区申请专利，形成一个专利家族。一般来讲，一项重要的专利会在全球进行技术布局，为此，专利权人不惜花费高额的专利申请与维护费，因此，从一定程度上，专利家族的国家/地区分布情况也可以反映这些技术的目标市场和重要程度。

对纳米电极技术领域的专利家族所在国家/地区进行分析发现：在中国大陆申请的专利技术高达 1797 件，占该技术领域的 58.1%；该技术领域约 12.1%的专利（373 件）在美国进行了布局；约 10.2%的专利（315 件）在韩国进行了布局（见图 4.3）。

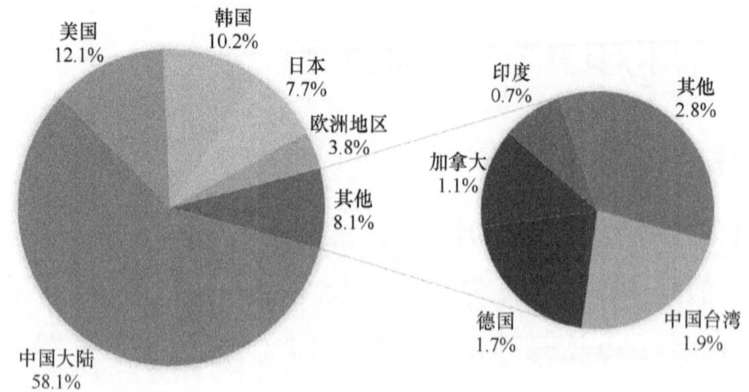

注：图中数据为四舍五入的结果。

图 4.3　专利家族分布国家/地区分析

4.4　技术流向分析

对最早优先权国家/地区持有专利量 Top5 的中国大陆、韩国、美国、日本和德国专利家族分布进行分析，统计 PCT 专利情况和专利布局情况（见表 4.1），可以看出：中国大陆的专利量远高于其他国家/地区，但是 PCT 专利量比美国和韩国少，PCT 专利量占中国大陆申请专利总量的 2.3%，中国大陆专利只有 1.6%在中国大陆以外的市场进行了布局；韩国持有 PCT 专利 48 件，占本国申请专利的 20.4%，并有 44.7%的专利在本土以外的市场进行了布局，说明韩国在该领域的国际市场布局要优于中国大陆；美国和韩国情况类似，持有 73 件 PCT 专利，占本国申请专利的 39.2%，并有 45.7%的专利在本土以外的市场进行了布局；德国持有 PCT 专利 14 件，占本国申请量的 46.7%，有 63.3%的专利在海外进行了布局；日本持有 PCT 专利 36 件，占日本申请专利的 25.4%，日本有 35.9%的专利在本土以外进行了布局，略逊于美国、韩国和德国。

表 4.1　PCT 专利情况和专利布局情况

单位：件

最早优先权国家/地区 Top5					专利家族分布的国家/地区								
国家/地区	专利量	PCT 专利量	PCT 专利占比	本土外专利占比	中国大陆	美国	韩国	日本	欧洲地区	中国台湾	德国	加拿大	印度
中国大陆	1661	39	2.3%	1.6%	1660	19	8	12	6	3	1	1	1
韩国	235	48	20.4%	44.7%	36	85	235	27	30	7	3	1	0
美国	186	73	39.2%	45.7%	43	178	29	34	35	18	7	15	7
日本	142	36	25.4%	35.9%	28	38	23	138	11	8	7	4	5
德国	30	14	46.7%	63.3%	7	11	3	3	6	1	29	1	1

对最早优先权国家/地区持有专利量 Top5 的中国大陆、韩国、美国、日本和德国的专利家族分布进行分析，绘制它们的技术输入/输出情况（见图 4.4），分析它们的技术流向，可以发现：日本是典型的技术输出国；美国除了对中国大陆的技术输出大于技术输入，对其他三国都以技术输入为主；韩国对其他四个国家/地区来说以技术输出为主，是典型的技术输出国家；日本除了对韩国的技术输入稍多，对其他三个国家/地区来说都是技术输出更多；德国对中国大陆和美国的技术输出更多，对韩国和日本的技术输入更多。

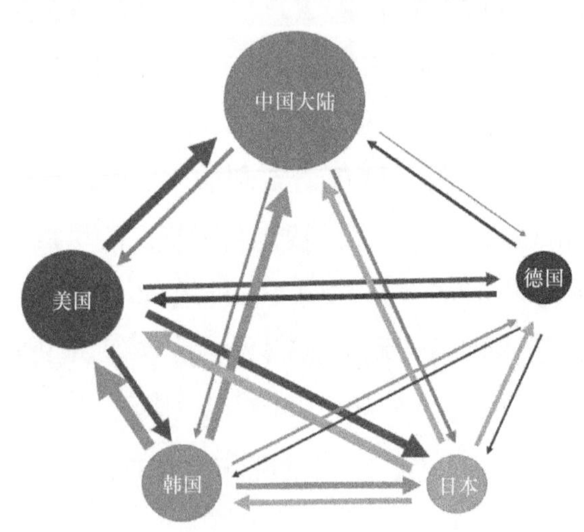

图 4.4　五个国家/地区的技术流向

4.5　专利技术生命周期

专利技术生命周期是指在专利技术发展的不同阶段中，专利申请量与专利申请人数量的一般性的周期性的规律。一个比较完整的专利技术生命周期示意图是根据某段时间内与某项技术相关的专利申请量和相应的专利申请人数量的变化情况绘制而成的，以年度申请人数量为横坐标，年度申请量为纵坐标，绘制曲线对技术发展的各个阶段进行分析，预测技术的发展速度及前景。专利技术生命周期分为 4 个阶段，即萌芽期、发展期、成熟期、衰退期。

对纳米电极技术领域的专利分析发现：2000 年之前，该技术领域的专利申请人数量和专利申请量都比较少，处于技术萌芽期；2000—2014 年，该技术领域的专利申请人数量和专利量总体呈现快速增长趋势，处于技术发展期；2015 年专利量急剧增加，专利申请人数量略有减少，可能该技术进入一个短暂的缓冲期（见图 4.5）。

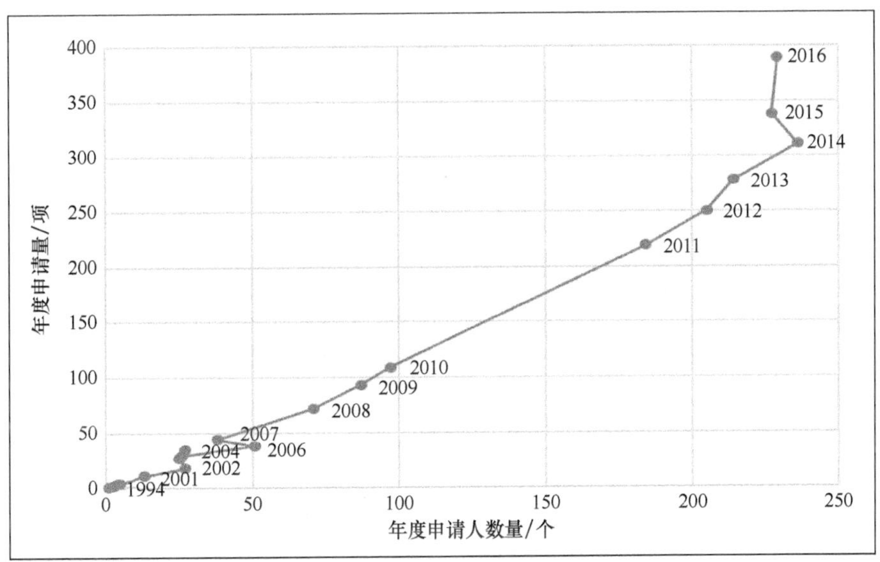

图 4.5　纳米电极技术领域专利技术生命周期

4.6　专利申请技术构成分析

4.6.1　主题聚类分析

主题聚类分析是将专利的标题、摘要、专利要求等进行抽取并通过一定的算法对样本专利集进行主题层面的聚类，为分析研究主题提供参考。不同的专利平台/工具具有各自的算法，为了能够更全面地解读纳米电极技术研究主题，本书采用了 Thomson Innovation 平台的 ThemeScape（等高线图）、Innography 平台的文本聚类分析功能。

在等高线图中，内容相近的专利在图中的距离更为相近，图中不同山峰区域（白色区域）表示某一特定技术主题中聚集的相应的专利群，可以从一定程度上反映技术热点。纳米电极技术领域的主题主要聚集于 Kettle、Personal Computer、Hybrid Vehicle、Hexagonal、Portable Computer、Jet、Nozzle、Photovoltaic 等（见图 4.6）。

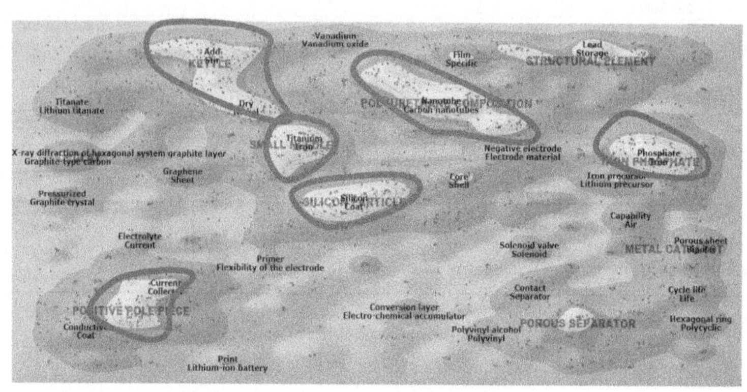

图 4.6　专利地图（等高线图）

4.6.2　技术分类时间走势分析

技术分类时间走势分析主要是分析纳米电极技术的技术手段随时间发展的变化情况，以揭示纳米电极技术的发展过程及最新的技术情况。本节使用德温特手工代码来体现技术分类。

表 4.2 所示为纳米电极技术领域中排名前 15 位的德温特手工代码含义及相关专利数量。X16-B01F1（电力工程→电化学存储→可充电或二次电池→电池→非水→锂基）是研究最多的一个技术分类，约 79%的专利涉及该技术分类；其次是 L03-E01B5B（耐火材料，玻璃，陶瓷→有机（无机）电化学→电池，蓄电池，热电元件[未分类]→

一次和二次电池组件[一般]→一次和二次电池组件−电极→碱金属电极和未指定的碱性电极→锂电极），约 75%的专利涉及该技术分类；约有 47%的专利涉及 L03-E08B（耐火材料，玻璃，陶瓷→有机（无机）电化学→电池，蓄电池，热电元件[未分类]→电池和组件的生产→电极的生产），其他主要技术分类的专利数量如表 4.2 所示。

表 4.2　纳米电极技术领域中排名前 15 位的德温特手工代码含义及相关专利数量

序号	手工代码	手工代码含义	专利数量/项
1	X16-B01F1	电力工程→电化学存储→可充电或二次电池→电池→非水→锂基	1829
2	L03-E01B5B	耐火材料，玻璃，陶瓷→有机（无机）电化学→电池，蓄电池，热电元件[未分类] →一次和二次电池组件[一般] →一次和二次电池组件−电极→碱金属电极和未指定的碱性电极→锂电极	1741
3	L03-E08B	耐火材料，玻璃，陶瓷→有机（无机）电化学→电池，蓄电池，热电元件[未分类] →电池和组件的生产→电极的生产	1231
4	L03-E01B3	耐火材料，玻璃，陶瓷→有机（无机）电化学→电池，蓄电池，热电元件[未分类] →一次和二次电池组件[一般]→一次和二次电池组件−电极→一次和二次电池组件−石墨电极	1086
5	L03-H05	耐火材料，玻璃，陶瓷→有机（无机）电化学→应用[未分类] →车辆	1014
6	A12-E06A	聚合物，塑料→聚合物应用→电气工程[其他]→电池，蓄电池，燃料电池→电池，蓄电池，燃料电池用电极	900
7	L03-A02B	耐火材料，玻璃，陶瓷→ 有机（无机）电化学 →有机（无机）电化学导体和绝缘体→非金属导体→非金属导体−碳和石墨	829

续表

序号	手工代码	手工代码含义	专利数量/项
8	X16-E01G	电力工程→电化学存储→电极→材料→制造	763
9	X16-E01C	电力工程→电化学存储→电极→材料→无机化合物	748
10	X16-E01J	电力工程→电化学存储→电极→材料→黏合剂和填料	660
11	X16-E01C1	电力工程→电化学存储→电极→材料→无机化合物→氧化物，复合氧化物	456
12	L03-E08C	耐火材料，玻璃，陶瓷→有机（无机）电化学→电池，蓄电池，热电元件[未分类] →电池和组件的生产→其他组件的生产	379
13	A10-E05B	聚合物，塑料→聚合，聚合物改性→化学改性[其他] →通过解聚进行化学改性; 降解→碳化化学改性	351
14	X16-A02A	电力工程→电化学存储→非充电或原电池→非水电解质→锂电池	257
15	X16-E02	电力工程→电化学储存→电极→载体，板，集电极	244

4.7 专利申请人分析

4.7.1 主要专利申请人专利数量分析

通过分析纳米电极技术领域专利申请人的专利产出数量，可遴选出主要申请人，作为后续多维组合分析、评价的基础，通过对清洗后的专利家族的专利申请人分析，可以了解纳米电极技术领域的主要研发机构。按照专利家族数量进行统计分析，得出该领域的主要专利申请人如图 4.7 所示。

浙江大学和三星电子公司各持有 53 项专利，占该领域专利总量的 2.4%；华中农业大学持有 48 项专利。在 Top15 机构中，中国机构占据 11 个席位，数量上占据绝对优势。排名前 15 位的研究机构共持有专利 476 项，占总量的 20%，以上数据显示该技术没有集中在个别公司或机构。

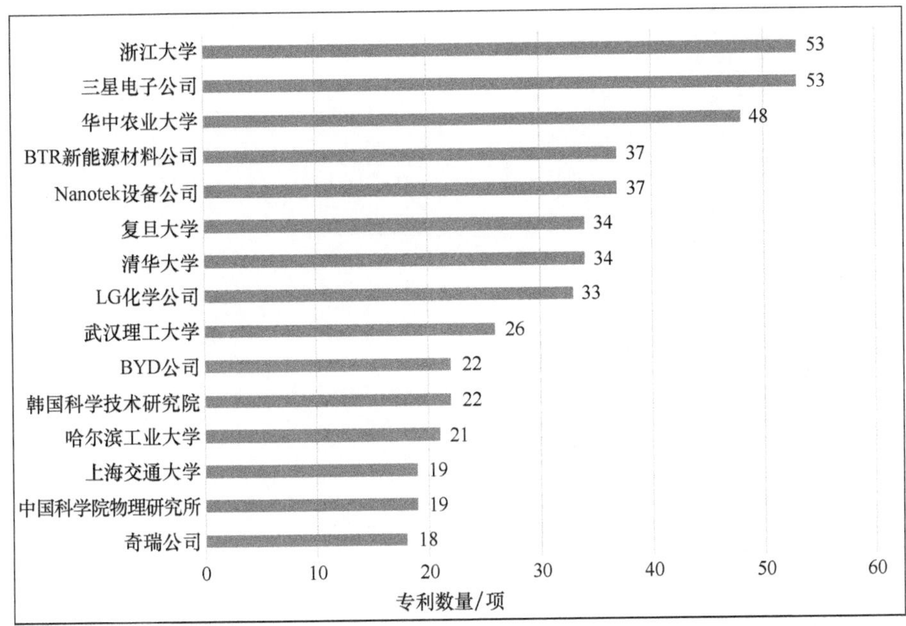

图 4.7 纳米电极技术领域主要专利申请人

4.7.2 主要申请人时间趋势

分析纳米电极技术专利主要申请人的历年专利数量的趋势，从而了解主要申请人投入纳米电极技术的动态，并深入了解申请人各年间的专利布局态势，观察纳米电极技术的新秀或退出等信息。

表 4.3 所示为纳米电极技术专利主要申请人申请时间趋势。

专利数量排名第一的浙江大学从 2003 年开始申请相关专利，2012 年年度专利产出达到顶峰 11 项，之后逐年减少，2016 年再次增加至 8 项；同样排名第一的三星电子公司从 2001 年开始申请相关专利，2010 年和 2011 年的专利产出均为 10 项，达到顶峰，之后呈现逐年递减趋势。

表 4.3　纳米电极技术专利主要申请人申请时间趋势

单位：项

机构＼年份	1997	2001	2002	2003	2004	2005	2006	2007	2008	2009	2010	2011	2012	2013	2014	2015	2016	2017
浙江大学				1			2		1	5	1	9	11	8	5	2	8	
三星电子公司		1	2			2		3	2	4	10	10	7	6	6			
华中农业大学			1				1	1			1	6	5	2	4	10	13	4
BTR 新能源材料公司								1	2	2		5	3	6	4	5	7	2
Nanotek 设备公司								5	7	2	6	2	8	2		5		
复旦大学			1		2	1		2		1	3	3		4	1	6	9	1
清华大学			1	1		1		1		4	2	3	5	2	8	1	4	1
LG 化学公司				1				3	1	1			4	11	9	3		
武汉理工大学												1	1	2	8	5	8	1
BYD 公司							2	2	3	1	4	1	1	4	2	2		
韩国科学技术研究院		1				1	1	1	1		1	6	1	2	4	3		
哈尔滨工业大学								1			2	1	5		3	5	4	
中国科学院物理研究所	1	1		1	1	2			1	1		1	2	3	2	1	2	
上海交通大学								1	1	1	1	1	4	1	3	3	3	
奇瑞公司											2	5	1	1	5	2	2	

华中农业大学从 2002 年开始申请相关专利，2014 年之前有少量专利产出，从 2015 年开始，其专利申请量大幅度增加，2016 年申请量达到 13 项。

Nanotek 设备公司从 2007 年开始申请相关专利，之后每年申请的专利数量在 0～8 项起伏。

BTR 新能源材料公司从 2007 年开始申请专利，之后总体呈现增长趋势。LG 化学公司、复旦大学和清华大学的情况与其类似。BYD 公司在 2006—2015 年每年有 1～4 项专利产出，截至 2017 年，还没有其 2016 年的相关专利公布。

4.7.3　主要申请人技术对比

主要申请人技术对比分析是对主要申请人申请专利所属的德温特手工代码进行对比分析，以了解各申请人的技术布局，从而分析各申请人的技术发展策略。表 4.4 所示为纳米电极技术专利主要申请人的技术对比。

从表 4.4 可以看出，各个机构均在 X16-B01F1（电力工程→电化学存储→可充电或二次电池→电池→非水→锂基）和 L03-E01B5B（耐火材料，玻璃，陶瓷→有机（无机）电化学→电池，蓄电池，热电元件[未分类]→一次和二次电池组件[一般]→一次和二次电池组件–电极→碱金属电极和未指定的碱性电极→锂电极）方向布局了大量专利，在 A12-E06A（聚合物，塑料→聚合物应用→电气工程[其他]→电池，蓄电池，燃料电池→电池，蓄电池，燃料电池用电极）和 L03-E01B3（耐火材料，玻璃，陶瓷→有机（无机）电化学→电池，蓄电池，热电元件[未分类]→一次和二次电池组件[一般]→一次和二次电池组件–电极→一次和二次电池组件–石墨电极）方向也有较多的专利进行了布局。

表 **4.4** 纳米电极技术专利主要申请人技术对比

单位：项

Top15 机构	X16-B01F1	L03-E01B5B	L03-E08B	L03-E01B3	L03-H05	A12-E06A	L03-A02B	X16-E01G	X16-E01C	X16-E01J	X16-E01C1	L03-E08C	A10-E05B	X16-A02A	X16-E02
三星电子公司	45	39	20	15	17	22	9	13	18	10	8	9	6	12	5
浙江大学	45	44	27	19	15	24	12	23	21	22	15	15	8	15	3
华中农业大学	37	37	29	31	17	26	19	23	25	19	12	5	16	8	3
BTR 新能源材料公司	35	34	20	26	22	19	23	8	18	16	6	14	15	8	1
Nanotek 设备公司	25	28	11	17	19	26	8	6	11	2	7	9	5	8	7
复旦大学	30	25	10	13	15	6	12	14	13	7	6	9	5	8	1
清华大学	27	27	14	15	12	17	10	12	7	6	6	8	7	6	6
LG 化学公司	21	26	16	13	17	15	10	6	8	15	5	2	1		5
武汉理工大学	19	19	16	9	12	7	6	8	7	3	12	2	2	1	
BYD 公司	21	16	11	8	7	14	7	7	4	10	5	7	4	5	6
韩国科学技术研究院	15	14	12	11	9	8	9	10	11	1	6	3	1		4
哈尔滨工业大学	15	16	13	7	5	9	4	6	5	4	3	6	5	3	2
中国科学院物理研究所	15	9	12	4	3	8	3	8	6	5	3	1	4		
上海交通大学	14	12	10	10	5	4	7	9	7	6	6	6	4	4	1
奇瑞公司	17	14	7	1	3	4	1	9	11	4	4	8	1	4	2

4.7.4　主要申请人市场布局情况

对主要申请人近三年的专利产出比和专利家族分布进行分析（见表 4.5），可以发现，三星电子公司在美国（45 项）、日本（15 项）和中国（14 项）等 5 个海外国家/地区共布局了 47 项专利，占专利总量的 89%，但是三星电子公司近三年来几乎无相关专利产出；浙江大学虽然专利数量排名并列第一，但是在海外没有专利布局，不具备国际市场竞争能力，华中农业大学、复旦大学、武汉理工大学、BYD 公司、哈尔滨工业大学、中国科学院物理研究所和奇瑞公司虽然近年十分活跃，但同样未在海外进行专利布局；BTR 新能源材料公司在韩国、日本和美国布局了 9 项专利，占持有专利的 24%，近三年表现比较活跃；Nanotek 设备公司在海外布局了 2 项专利；在国内的研发机构中，清华大学表现十分出色，在 8 个海外国家/地区布局了 9 项专利，占专利总数的 26%，近三年表现较为活跃；LG 化学公司在海外 5 个国家布局了 17 项专利，占持有专利总数的 52%，但近三年活跃度较低；韩国科学技术研究院在美国布局了 3 项专利，占专利总量的 14%，近三年表现较为活跃；上海交通大学在 3 个海外国家布局了 2 项专利，近三年表现比较活跃。由此可见，国内机构中除了 BTR 新能源材料公司、清华大学和上海交通大学在海外市场进行了专利布局，其他中国机构均未在国外市场进行布局，而其他国外机构则在海外市场进行了大量的专利布局，中国相关技术在海外市场的拓展可能会面临较大的技术壁垒。

表 4.5　主要申请人专利市场布局情况分析

机构	专利数量/项	近三年产出比	海外专利数量/项	海外专利占比	海外布局国家数量/个
三星电子公司	53	0% of 53	47	89%	5
浙江大学	53	19% of 53	0	0%	0
华中农业大学	48	56% of 48	0	0%	0

续表

机构	专利数量/项	近三年产出比	海外专利数量/项	海外专利占比	海外布局国家数量/个
BTR 新能源材料公司	37	38% of 37	9	24%	3
Nanotek 设备公司	37	14% of 37	2	5%	3
复旦大学	34	47% of 34	0	0%	0
清华大学	34	18% of 34	9	26%	8
LG 化学公司	33	9% of 33	17	52%	5
武汉理工大学	26	54% of 26	0	0%	0
BYD 公司	22	9% of 22	0	0%	0
韩国科学技术研究院	22	14% of 22	3	14%	1
哈尔滨工业大学	21	43% of 21	0	0%	0
中国科学院物理研究所	19	16% of 19	0	0%	0
上海交通大学	19	32% of 19	2	11%	3
奇瑞公司	18	22% of 18	0	0%	0

4.8 在华专利分析

4.8.1 申请时间趋势分析

截至 2017 年，根据已公开数据，纳米电极技术专利在中国申请共计 1797 项，最早的专利申请于 1997 年，之后总体呈现快速增长趋势，尤其是 2010 年以后，2016 年达到顶峰，年申请 384 件（见图 4.8）。

4.8.2 技术来源国家/地区分析

最早优先权国家/地区为中国大陆的专利有 1660 项，约占中国专利的 92%，说明中国的专利申请主要以中国大陆机构为主；最早优先权国家为美国的专利有 43 项，约占中国专利的 2.4%；最早优先权国家为韩国的专利有 36 项，约占中国专利的 2%；最早优先权国家为日本的专利有 28 项，约占中国专利的 1.6%（见图 4.9）。

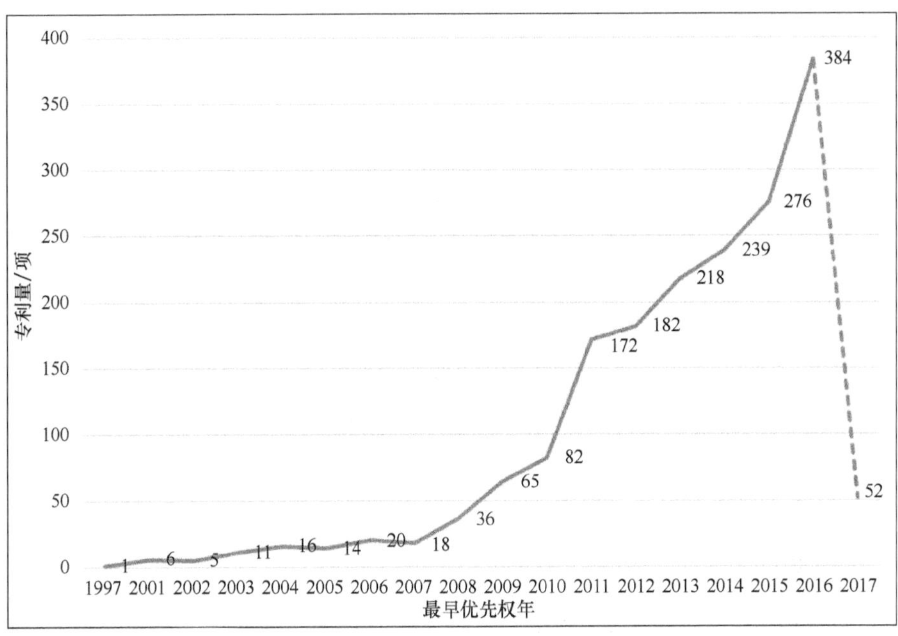

图 4.8　纳米电极技术在华专利申请时间趋势

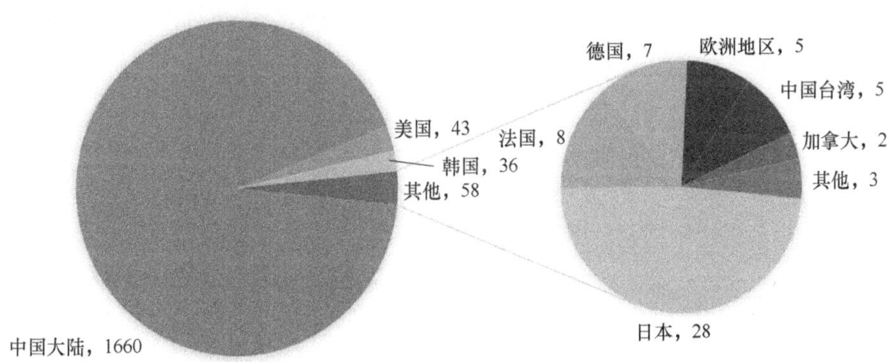

图 4.9　在华专利申请来源地构成（单位：项）

4.8.3　法律状态分析

利用 Incopat 平台对纳米电极技术领域在华专利进行分析，发现有效专利为 596 项，808 项在审查中，403 项失效（相关分析依据申请号进行归并，与德温特的数据稍有出入），33%的相关专利已经取

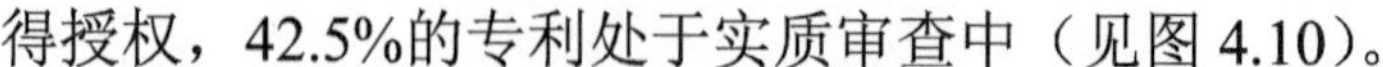

得授权，42.5%的专利处于实质审查中（见图 4.10）。

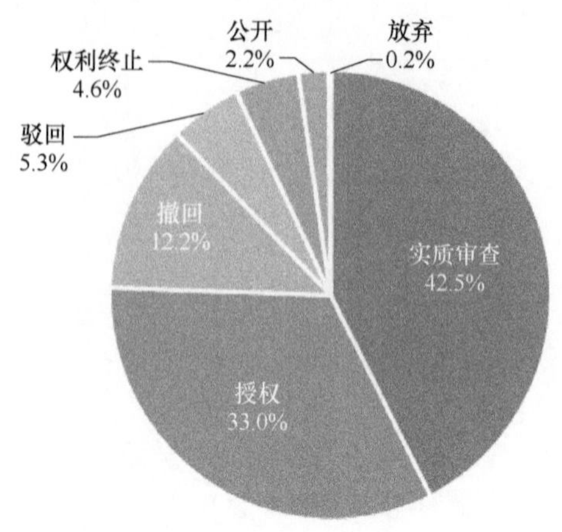

图 4.10　在华专利法律状态

利用 Incopat 平台对在华专利的转让情况进行分析，结果发现，在华专利从 2008 年开始出现相关技术转让，2012 年之前总体呈现增加趋势，2013—2014 年经过短暂回落后再次增加到每年 26 件（见图 4.11）。

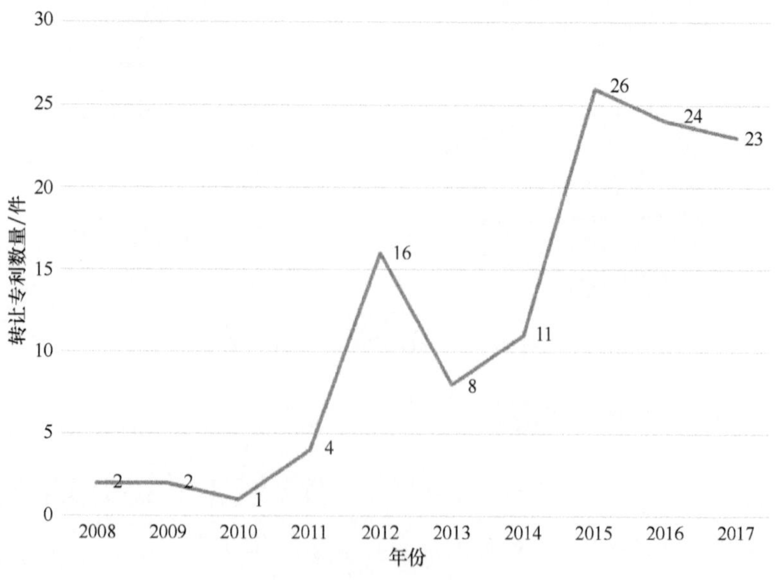

图 4.11　在华专利转让趋势

对主要转让人和受让人进行分析，发现深圳市比克电池有限公司和珠海锂源新能源科技有限公司在转让人和受让人排名中均名列前茅，复旦大学有 3 件专利进行了转让（见表 4.6）。

表 4.6　主要转让人和受让人

转让人	专利数量/项	受让人	专利数量/项
深圳市比克电池有限公司	5	珠海锂源新能源科技有限公司	5
珠海锂源新能源科技有限公司	5	深圳市比克电池有限公司	4
深圳市燕峰科技有限公司	4	深圳市鑫峰昌技术股份有限公司	4
复旦大学	3	深圳市斯诺实业发展有限公司	3
深圳市斯诺实业发展有限公司永丰县分公司	3	中航锂电（江苏）有限公司	2
东莞市翔丰华电池材料有限公司	2	大连德润达实业有限公司	2
中航锂电（洛阳）有限公司	2	宁国市龙晟柔性储能材料科技有限公司	2
刘剑洪	2	宁波金和锂电材料有限公司	2
北京安华联合能源科技有限责任公司	2	昆明纳太能源科技有限公司	2
比克国际（天津）有限公司	2	深圳市动力创新科技企业（有限合伙）	2

4.8.4　专利权人分析

在华主要申请机构如图 4.12 所示，全部为中国大陆机构，包括浙江大学、中南大学、深圳市贝特瑞新能源材料股份有限公司、复旦大学、武汉理工大学、清华大学、比亚迪股份有限公司、哈尔滨工业大学、中国科学院宁波材料技术与工程研究所、上海交通大学。中国大陆机构从数量上占据了绝对优势。

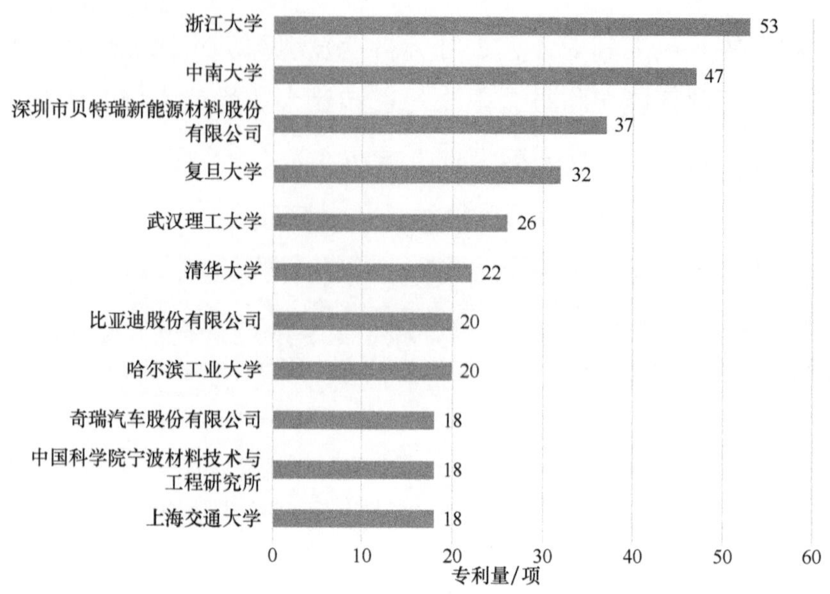

图 4.12　在华主要申请机构

4.9　核心专利分析

4.9.1　核心专利整体概况

专利强度（Patent Strength）是进行专利评价的新指标，可用于快速有效地寻找核心专利。专利强度取值为 0%～100%，值越大则专利价值越高。专利强度参考了十几个专利价值的相关指标，包括专利权利要求（Patent Claim）数量、引用先前技术文献（Prior Art Citations Made）数量、专利被引用（Citations Received）次数、专利及专利申请案的家族（Families of Applications and Patents）、专利申请时程（Prosecution Length）、专利年龄（Patent Age）、专利诉讼（Patent Litigation）及其他指标。

我们对 2327 项专利的专利强度进行了分析，可以发现：可检索到的共涉及 4270 件同族专利，其中，专利强度在 90%以上的专利有

38 件，70%～90%的有 202 件，50%～70%的有 454 件，50%以下的有 3576 件（见图 4.13）。

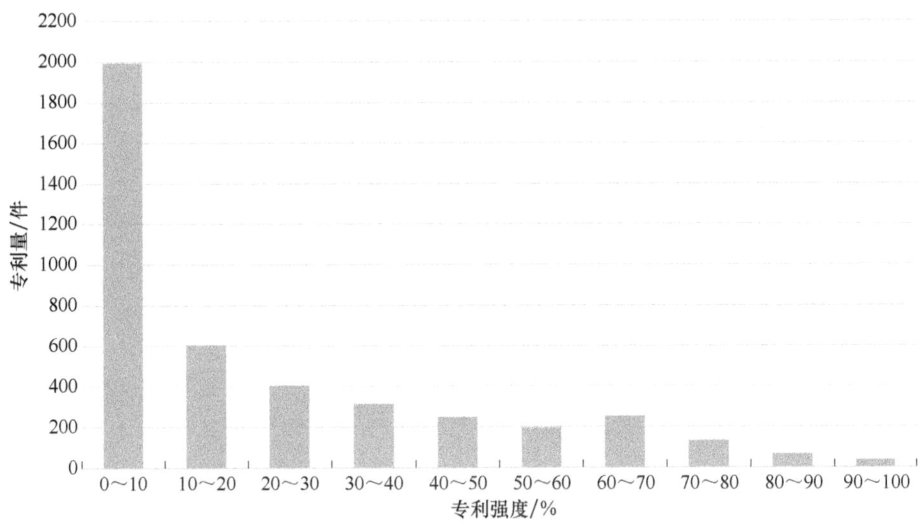

图 4.13　专利强度分布

对专利强度在 90%以上的专利进行分析，结果发现，除了有一件专利已经失效，其他专利均处于维持状态，对这些重要专利的持有人进行分析，发现 Nanotek 设备公司持有相关专利 12 件，三星电子公司持有相关专利 6 件，说明这两家公司在该技术领域有较强的技术优势（见表 4.7）。

表 4.7　专利强度在 90%以上的专利

专利号	标题	专利权人	法律状态	专利强度/%
US7939218	Nanowire structures comprising carbon	OneD Material LLC	有效	93
US8962188	Anode compositions for lithium secondary batteries	Nanotek Instruments, Inc.	有效	92

续表

专利号	标题	专利权人	法律状态	专利强度/%
US9564629	Hybrid nano-filament anode compositions for lithium ion batteries	Nanotek Instruments, Inc.	有效	92
US6194099	Electrochemical cells with carbon nanofibers and electro sulfur-compounds	Sion Power Corporation	有效	91
US9627691	Metalized, three-dimensional structured oxygen cathode material-lsfor lithium/air batteries and me-thod for making and using the same	ADA Technologies, Inc.	有效	91
US8236452	Nano-structured anode compositions for lithium metal and lithi-um metal-air secondary batteries	Nanotek Instruments, Inc.	有效	91
CN101636861	A method for preparing a particulate cathode material, and the material obtained by said method	Clariant (Canada), Inc.	有效	91
US8241793	Secondary lithium ion battery containing a prelithiated anode	Nanotek Instruments, Inc.	有效	91
US8435676	Mixed nano-filament electrode materials for lithium ion batteries	Nanotek Instruments, Inc.	有效	91
CN101563801	Nanowire structures comprising carbon	1D Materials LLC	有效	91
US9203104	Electrode for secondary battery, preparation thereof, and second-ary battery and cable-type secon-dary battery comprising the same	LG Chem., Ltd.	有效	91

续表

专利号	标题	专利权人	法律状态	专利强度/%
US8859143	Partially and fully surface-ena-bled metal ion-exchanging energystorage devices	Nanotek Instruments, Inc.	有效	91
CN101467287	Fluoride ion electrochemica-lcell	California Institute of Technology; Centre National De La Recherche Scientifique	有效	91
US20110206992	Porous structures for energys-torage devices	Sion Power Corporation	有效	91
US8119288	Hybrid anode composition-sfor lithium ion batteries	Samsung Electronics Co., Ltd.	有效	91
US9673447	Method of operating a lit-hiumm-ion cell having a high-capacity cathode	Nanotek Instruments, Inc.	有效	91
US8105716	Active material for rechargea-blelithium battery and recharg-eable lithium battery including same	Samsung SDI Co., Ltd.	有效	90
US8278011	Nanostructured catalyst sup-ports	OneD Material LLC	有效	90
US8580432	Nano graphene reinforced nanocomposite particles for lithium battery electrodes	Samsung Electronics Co., Ltd.	有效	90
JP6077460	Surface mediated lithiumion exchange energy storage device		有效	90
US7842432	Nanowire structures comp-rising carbon	OneD Material LLC	有效	90
US20120241666	Cathode active material pre-cursor and active material for a rechargeable lithium battery comprising hollow nanofibrous carbon, and production method thereof	Route JJ Co., Ltd.	有效	90

续表

专利号	标题	专利权人	法律状态	专利强度/%
US20090186276	Hybrid nano-filament cathode compositions for lithium metal or lithium ion batteries	Nanotek Instruments, Inc.	有效	90
CN102934264	For lithium ion rechargeable battery single body of the additive	Nexeon Ltd.	有效	90
US7595611	Electrochemical thermodynamic measurement system	Centre National De La Recherche Scientifique; California Institute of Technology	有效	90
US7745047	Nano graphene platelet-base composite anode compositions for lithium ion batteries	Samsung Electronics Co., Ltd.	有效	90
US20130069011	Doped-carbon nano-architectured structures and methods for fabricating same	The Arizona Board of Regents On Behalf of The University of Arizona	有效	90
US8936874	Conductive nanocomposite- based electrodes for lithium batteries	Nanotek Instruments, Inc.	有效	90
US8889298	Surface-mediated lithium ion-exchanging energy storage device	Nanotek Instruments, Inc.	有效	90
US7214446	Binder containing vanadium oxide particles with an average diameter of 5～1000 nm with a size distribution such that at least 95 percent of the particles have a diameter greater than 40% of the average diameter and less than 160% of the average diameter; energy densities may exceed 900 Wh/kg	Nanogram Corporation	过期	90

续表

专利号	标题	专利权人	法律状态	专利强度/%
EP2113955	Negative electrode material for a lithium rechargeable battery and lithium rechargeable battery comprising the same	Samsung SDI Co., Ltd.	有效	90
CN103098299	This invention claims an iron air rechargeable battery	University of Southern California	有效	90
CN102903930	Lithium ion secondary battery and preparation method thereof	Institute of Process Engineering, Chinese Academy of Sciences	有效	90
US6495291	Nonaqueous electrolyte secondary battery	Kabushikikaisha Toshiba	有效	90
US8663840	Encapsulated sulfur cathode for lithium ion battery	GM Global Technology Operations LLC	有效	90
US8895189	Surface-mediated cells with high power density and high energy density	Nanotek Instruments, Inc.	有效	90
US8691441	Graphene-enhanced cathode materials for lithium batteries	Nanotek Instruments, Inc.	有效	90
CN101849302	Nano graphene platelet-based composite anode compositions for lithium ion batteries	Samsung Electronics Co., Ltd.	有效	90

4.9.2　核心专利转让信息

进一步对专利强度在 70%以上的 240 件专利的法律状态和转让情况进行分析，发现有 193 件专利已经取得授权并保持有效状态，47 件专利无效（见图 4.14）。

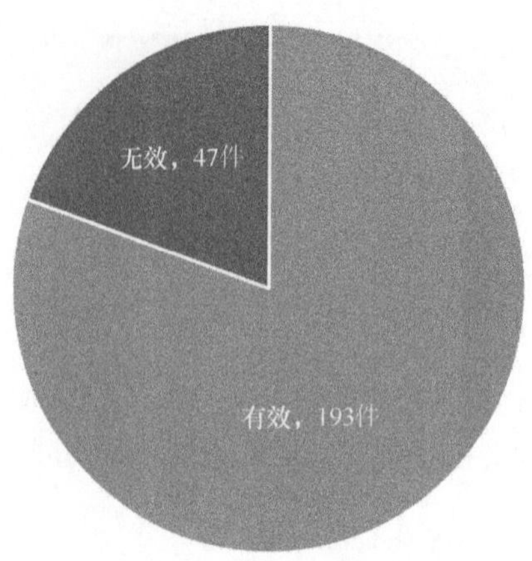

图 4.14　专利法律状态分析

对专利的转让情况进行分析，发现有 18 件专利在美国发生转让行为，其中，三星电子公司、Nanotek 设备公司、MPEG La 公司、OneD 材料公司均参与了多件专利的转让（见表 4.8）。

表 4.8　美国专利转让信息（部分）

公开号	标题	最早优先权年	受让者	转出者
US7595611B2	Electrochemical thermodynamic measurement system	2005	Energy United State Department of,Washington,DC,US	California Institute of Technology
US20130295439A1	Battery cell engineering and design to reach high energy	2012	Zenlabs Energy Inc.,Newark,CA,US	Envia Technologies, Inc.
US20140065464A1	Battery designs with high capacity anode materials and cathode materials	2012	Zenlabs Energy Inc.,Newark,CA,US	Envia Technologies, Inc.
US8652683B2	High capacity electrodes	2008	DBD Credit Funding LLC As Collateral Agent,New York,NY,US	Motheye Technologies, LLC

续表

公开号	标题	最早优先权年	受让者	转出者
US7939218B2	Nanowire structures comprising carbon	2004	OneD Material LLC, Palo Alto,CA,US	MPEG La, LLC
US8278011B2	Nanostructured catalyst supports	2004	OneD Material LLC, Palo Alto,CA,US	MPEG La, LLC
US7842432B2	Nanowire structures comprising carbon	2004	OneD Material LLC, Palo Alto,CA,US	MPEG La, LLC
US20100248033A1	Lithium batteries with nano-composite positive electrode material	2007	Eocell Ltd.,Hong Kong,HK	Nanoexa, Inc.
US6106798A	Vanadium oxide nanoparticles	1997	Neophotonics Corporation,San Jose,CA,US	Nanogram Corporation
US5989514A	Processing of vanadium oxide particles with heat	1997	Neophotonics Corporation,San Jose,CA,US	Nanogram Corporation
US8119288B2	Hybrid anode compositions for lithium ion batteries	2007	Samsung Electronics Co., Ltd.,Suwon-si, Gyeonggi-do,KR	Nanotek Instruments, Inc.
US8580432B2	Nano graphene reinforced nanocomposite particles for lithium battery electrodes	2008	Samsung Electronics Co., Ltd.,Suwon-si, Gyeonggi-do,KR	Nanotek Instruments, Inc.
US7745047B2	Nano graphene platelet-base composite anode compositions for lithium ion batteries	2007	Samsung Electronics Co., Ltd.,Suwon-si, Gyeonggi-do,KR	Nanotek Instruments, Inc.

续表

公开号	标题	最早优先权年	受让者	转出者
US9093693B2	Process for producing nano graphene reinforced composite particles for lithium battery electrodes	2009	Samsung Electronics Co., Ltd., Suwon-si, Gyeonggi-do,KR	Nanotek Instruments, Inc.
US9406985B2	High efficiency energy conversion and storage systems using carbon nanostructured materials	2009	Nokia Technologies Oy,Espoo,FI	Nokia Corporation
US9136065B2	Diatomaceous energy storage devices	2012	Printed Energy PTY Ltd., Brisbane, Queensland,AU	Nthdegree Technologies Worldwide Inc.
US20100323245A1	A method for preparing a particulate cathode Material, and the material obtained by said method	2006	Clariant (Canada) Inc.,Toronto (On),CA	Phostech Lithium Inc.
US8663840B2	Encapsulated sulfur cathode for lithium ion battery	2011	GM Global Technology Operations LLC,Detroit,MI,US	Wilmington Trust Company

4.9.3 高被引专利分析

从专利被引次数的角度考虑，对专利被引情况的研究可以确定该专利的质量和影响力。由于一件专利从最初被引用到大范围被引用通常需要 5 年或更长时间，一般来说，70%的专利从未被引用或仅被引用一两次，因此在一定程度上，如果一件专利被频繁引用，说明它是超出平均技术水平的、重要的、有生命力的发明。由于专利的被引次数与公开时间密切相关，为了消除公开时间长短的影响，我们采用专利的年度被引次数来评价专利的受关注程度。

如表 4.9 所示，通过分析专利的年度被引次数（总被引次数除以 2017.5 再减去最早优先权年的差），对年均被引次数大于 5 的 55 件专利进行分析，发现如下高被引专利绝大部分来自美国，主要持有机构包括 Nanotek 设备公司、三星电子公司、OneD 材料公司等。中国机构申请的专利有 5 件，主要申请机构包括浙江大学、中国科学院宁波材料技术与工程研究所、中国科学院化学研究所、中国科学院金属研究所，其中，浙江大学持有 2 件高被引专利，这 5 件专利中目前有 3 件仍处于有效状态，这些专利的施引专利几乎都是中国专利，很少有他国专利对其进行引用。

表 4.9　平均年度高被引专利分析

公开号	标题	申请国家/地区	最早优先权年	失效/有效	年均被引/次	受让者或专利权人	转出者
US20090117467A1	Nano-scaled grapheneplateletbased composite composition useful as an anode of lithium secondary battery, has micronor nanometer-scaled particles or coating, nano-scaled graphene platelets, a conductive additive, and an amorphous carbon	美国	2007	有效	25.1	Samsung Electronics Co., Ltd.,Suwon-si, Gyeonggi-do,KR	Nanotek Instruments, Inc.
US20100143798A1	Solid nanocomposite particle composition used for lithium metal or lithium ion battery electrode applications comprises electrode active material, nano graphene platelets and protective matrix material	美国	2008	有效	21.3	Samsung Electronics Co., Ltd.,Suwon-si, Gyeonggi-do,KR	Nanotek Instruments, Inc.

续表

公开号	标题	申请国家/地区	最早优先权年	失效/有效	年均被引/次	受让者或专利权人	转出者
US20100176337A1	Producing solid nanocomposite particles for lithium metal/lithium ion battery electrodes, by preparing electrode active material in form of fine particles, rods and wires, and preparing separated/isolated nano graphene platelets	美国	2009	有效	21.2	Samsung Electronics Co., Ltd.,Suwon-si, Gyeonggi-do,KR	Nanotek Instruments, Inc.
US20090305135A1	Nanocomposite-based lithium battery electrode useful in lithium-ion battery comprises porous aggregate of electrically conductive nano-filaments, and sub-micron or nanometer-scale electro active particles	美国	2008	有效	20.1	Nanotek Instruments Inc.,Dayton, OH,US	Jang, Bor Z.
US20120064409A1	Nano graphene-enhanced particulate formed of a single or many graphene sheets and many fine anode active material particles (e.g. tin oxide or cobalt oxide), useful as a lithium-ion battery anode active material	美国	2010	有效	18.5	Nanotek Instruments Inc.,Dayton, OH,US	Fang, Qing

续表

公开号	标题	申请国家/地区	最早优先权年	失效/有效	年均被引/次	受让者或专利权人	转出者
US20040131934 A1	Electrochemical cell for e.g. high power ion insertion battery, has electrode(s) with first electrode active material that exhibits mesoporous porosity and that contains discrete solid contacting nanoparticles	美国	2001	未定	16.7	Xoliox Sa,Ch-1024, CH	Sugnaux, Francois; Graetzel, Michael; Pappas, Nicholas
US20120058397 A1	Nano graphene-enhanced particulate formed of a single or of many graphene sheets and many fine cathode active material particles, useful as lithium battery cathode active material	美国	2010	有效	16.5	Nanotek Instruments Inc.,Dayton, OH,US	Shi, Jinjun
US20070212538 A1	Nanowire, useful in e.g. fuel cell such as direct methanol fuel cell or hydrogen fuel cell, fuel cell electrode, conducting composite and porous catalyst support, comprises a carbon-based layer	美国	2004	有效	14.6	OneD Material LLC,Palo Alto,CA, US	MPEG La, LLC
US20060216603 A1	Nano-wire structure for lithium ion rechargeable battery used in medical device, has cathode comprising several nano-wires grown in nano-pores formed by anodizing aluminum layer	美国	2005	未定	14.5	Enable Ipc Inc.,Valencia,CA,US	Choi, Sung H.

续表

公开号	标题	申请国家/地区	最早优先权年	失效/有效	年均被引/次	受让者或专利权人	转出者
US20110165466A1	Electrochemical cell, useful as power sources for electric vehicle, hybrid electric vehicle, and portable electronic devices e.g. mobile phones, comprises an anode, a separator and/or electrolyte, and a nano-structured cathode	美国	2010	有效	13.5	Nanotek Instruments Inc.,Dayton, OH,US	Zhamu, Aruna, Dr; Jang, Bor Z., Dr; Yu, Zhenning; Liu, Chenguang; Neff, David; Wang, Mingchao; Chen, Guorong
JP2011503804A	Nano-scaled graphene platelet-based composite composition useful as an anode of lithium secondary battery, has micronor nanometer-scaled particles or coating, nano-scaled gra- phene platelets, a conduc- tive additive, and an amo- rphous carbon	日本	2007	有效	12.0		
US7745047B2	Nano-scaled graphene plateletbased composite composition useful as an anode of lithium secondary battery, has micronor nanometer-scaled particles or coating, nano-scaled gra- phene platelets, a conductive additive, and an amorphous carbon	美国	2007	有效	10.9	Samsung Electronics Co., Ltd.,Suwon-si, Gyeonggi-do,KR	Nanotek Instruments, Inc.

续表

公开号	标题	申请国家/地区	最早优先权年	失效/有效	年均被引/次	受让者或专利权人	转出者
US20090117466A1	Exfoliated graphite-based hybrid composition for use as an electrochemical cell electrode of a lithium secondary battery, comprises micronor nanometer-scaled particles or coating, exfoliated graphite flakes, and an amorphous carbon	美国	2007	有效	10.8	Samsung Electronics Co., Ltd.,Suwon-si, Gyeonggi-do,KR	Nanotek Instruments, Inc.
US20090169996A1	Hybrid nano-filament composition useful as electrochemical cell electrode, comprises aggregate of nanometer-scaled, electrically conductive filaments, and micronor nanometer-scaled amorphous coating deposited on surface of filaments	美国	2008	有效	10.7	Nanotek Instruments Inc.,Dayton, OH,US	Jang, Bor Z.
US20090186276A1	Hybrid nano-filament composition for lithium battery cathode comprises aggregate of nanometer- scaled, electrically conductive filaments percolated to form network; and micron- or nanometer-scaled coating comprising cathode active material	美国	2008	未定	10.2	Nanotek Instruments Inc.,Dayton, OH,US	Jang, Bor Z.

续表

公开号	标题	申请国家/地区	最早优先权年	失效/有效	年均被引/次	受让者或专利权人	转出者
US7939218B2	Nanowire, useful in e.g. fuel cell such as direct methanol fuel cell or hydrogen fuel cell, fuel cell electrode, conducting composite and porous catalyst support, comprises a carbon-based layer	美国	2004	有效	10.0	OneD Material LLC,Palo Alto,CA,US	MPEG La, LLC
US20130102084A1	Forming graphene used in e.g. bioanalytics involves providing graphite sample having atomic layers of carbon; introducing solvent and ions into spaces between the atomic layers; expanding space; and separating the layers using driving force	美国	2010	有效	9.8	National University of Singapore,Singapore,SG	Loh, Kian Ping; Wang, Junzhong
WO2007061945A2	Nanowire, useful in e.g. fuel cell such as direct methanol fuel cell or hydrogen fuel cell, fuel cell electrode, conducting composite and porous catalyst support, comprises a carbon-based layer	美国	2004	失效	8.9		
US20090269511A1	Making hybrid nano-filament composition useful for lithium battery electrode involves depositing an electro active coating capable of absorbing and desorbing lithium ions onto a surface of an aggregate of electrically conductive nano-wires	美国	2008	有效	8.7	Nanotek Instruments Inc.,Dayton, OH,US	Shi, Jinjun

续表

公开号	标题	申请国家/地区	最早优先权年	失效/有效	年均被引/次	受让者或专利权人	转出者
WO2009061685A1	Nano-scaled graphene platelet-based composite composition useful as an anode of lithium secondary battery, has micronor nanometer-scaled particles or coating, nano-scaled graphene platelets, a conductive additive, and an amorphous carbon	美国	2007	有效	8.5		
US20110123866A1	Electrode for lithium-ion battery comprises several layer, where each layer having active material particles capable of reversibly storing ions and conductive particles, where the electrode comprises at least one functional gradient in that	美国	2009	未定	8.5	Molecular Nanosystems Inc.,Palo Alto,CA,US	Pan, Lawrence S.; Peng, Shufu; Heinkel, Anna Lynne
US20130171502A1	Multi-component hybrid electrode for electrochemical super-hybrid energy storage device, comprises current collector, intercalation electrode active material storing lithium, and intercalation-free electrode active material storing lithium	美国	2011	未定	8.4	Nanotek Instruments Inc.,Dayton, OH,US	Wang, Yanbo

续表

公开号	标题	申请国家/地区	最早优先权年	失效/有效	年均被引/次	受让者或专利权人	转出者
JP2013536141A	Forming graphene used in e.g. bioanalytics involves providing graphite sample having atomic layers of carbon; introducing solvent and ions into spaces between the atomic layers; expanding space; and separating the layers using driving force	日本	2010	有效	8.4		
US20080280169A1	Nanowire, useful in e.g. fuel cell such as direct methanol fuel cell or hydrogen fuel cell, fuel cell electrode, conducting composite and porous catalyst support, comprises a carbon-based layer	美国	2004	有效	8.1	OneD Material LLC,Palo Alto,CA,US	MPEG La, LLC
US9601763B2	Producing graphene-silicon nanowire hybrid material composition used in lithium battery, involves preparing catalyst metal-coated mixture comprising particles having pure silicon and exposing mixture to high temperature	美国	2015	有效	8.0	Nanotek Instruments Inc.,Dayton, OH,US	Jang, Bor Z., Dr

续表

公开号	标题	申请国家/地区	最早优先权年	失效/有效	年均被引/次	受让者或专利权人	转出者
US7842432B2	Nanowire, useful in e.g. fuel cell such as direct methanol fuel cell or hydrogen fuel cell, fuel cell electrode, conducting composite and porous catalyst support, comprises a carbon-based layer	美国	2004	有效	7.9	OneD Material LLC,Palo Alto,CA,US	MPEG La, LLC
US20110104571A1	Nano-structured anode composition for lithium metal cell comprises integrated structure of electrically conductive nanofilaments; and stabilized lithium or lithium alloy particles	美国	2009	有效	7.8	Nanotek Instruments Inc.,Dayton, OH,US	Jang, Bor Z.
US6194099B1	Solid composite cathodes for use in electric current producing cells comprises electro-active sulfur-containing cathode material	美国	1997	有效	7.8	Sion Power Corporation, Tucson,AZ,US	Westerman Ball Ederer Miller & Sharfstein, LLP; Topspin Partners, LP

续表

公开号	标题	申请国家/地区	最早优先权年	失效/有效	年均被引/次	受让者或专利权人	转出者
US8278011B2	Nanowire, useful in e.g. fuel cell such as direct methanol fuel cell or hydrogen fuel cell, fuel cell electrode, conducting composite and porous catalyst support, comprises a carbon-based layer	美国	2004	有效	7.8	OneD Material LLC,Palo Alto,CA,US	MPEG La, LLC
WO2008067677A1	Preparation of complex oxide particle composition for lithium-ion batteries for portable electronic applications, by nanogrinding complex oxide particles or particles of complex oxide precursors, and adding organic carbon precursor	加拿大	2006	有效	7.8		
US20100173198A1	Lithium-ion battery for electric vehicle applications comprises cathode; anode comprising prelithiated and pre-pulverized fine particles; separator disposed between cathode and anode; and electrolyte in ionic contact with cathode and anode	美国	2009	有效	7.3	Nanotek Instruments Inc.,Dayton, OH,US	Jang, Bor Z.

续表

公开号	标题	申请国家/地区	最早优先权年	失效/有效	年均被引/次	受让者或专利权人	转出者
CN101849302A	Nano-scaled graphene platelet-based composite composition useful as an anode of lithium secondary battery, has micronor nanometer-scaled particles or coating, nano-scaled graphene platelets, a conductive additive, and an amorphous carbon	中国	2007	有效	7.3	Samsung Electronics Co., Ltd.,Suwon-si, Gyeonggi-do, KR	Nanotek Instruments Inc.,Dayton,OH,US
US20060286456A1	Nano-lithium-ion battery for e.g. mobile phone, has anode that comprises lithium titanium oxide nanoparticles, and separator that comprises silicon dioxide nanoparticles	美国	2005	未定	7.3		
WO2011162727A1	Forming graphene used in e.g. bioanalytics involves providing graphite sample having atomic layers of carbon; introducing solvent and ions into spaces between the atomic layers; expanding space; and separating the layers using driving force	新加坡	2010	有效	7.2		

续表

公开号	标题	申请国家/地区	最早优先权年	失效/有效	年均被引/次	受让者或专利权人	转出者
JP2009524567A	Nanowire, useful in e.g. fuel cell such as direct methanol fuel cell or hydrogen fuel cell, fuel cell electrode, conducting composite and porous catalyst support, comprises a carbon-based layer	日本	2004	有效	7.1		
US20090176159A1	Mixed nano-filament composition for lithium secondary battery compri- ses electrically conductive filaments in electrical contact with electro-active filaments containing electro-active material capable of absorbing and desorbing lithium ions	美国	2008	有效	6.9	Nanotek Instruments Inc.,Dayton, OH,US	Jang, Bor Z.
US20060147797A1	Lithium secondary battery`s anode material, has set of silicon particles, each silicon particle including silicon core covered by coating layer containing metal oxide, where coating layer is single layer	美国	2004	未定	6.7	Industrial Technology Research Institute,Hsinchu,TW	Wu, Hung-Chun; Yang, Mo-Hua; Wu, Nae-Lih; Liu, Wei-Ren

续表

公开号	标题	申请国家/地区	最早优先权年	失效/有效	年均被引/次	受让者或专利权人	转出者
CN102544502A	Conductive additive for preparing anode and cathode of lithium secondary battery, comprises graphene and mixture of conductive material	中国	2010	有效	6.5	Ningbo Institute of Materials Technology& Engineering, CAS	
CN102142537A	Graphene/molybdenum silicide composite lithium ion battery electrode is formed using composite of graphene nano plate and molybdenum silicide as active material, acetylene black and polyvinylidene fluoride in specified amounts	中国	2011	失效	6.5	Zhejiang University	
US20070087268A1	Anode active material for anode electrode of lithium battery, comprises carbon-based coating layer formed on surface of body of metal core particles and metal nano wires	美国	2005	有效	6.4	Samsung SDI Co., Ltd.,Suwon-si, Gyeonggi-do, KR	Kim, Gue-Sung; Park, Jin-Hwan; Ham, Yongnam
US20120321953A1	Composition used as lithium battery cathode material, comprises graphene and/or its fluoride or oxide sheets or platelets of specific thickness and amount, and nano particles/rods/wires/tubes/sheets/belts of vanadium oxide of specific size	美国	2011	有效	6.4	Nanotek Instruments Inc.,Dayton, OH,US	Jang, Bor Z.

续表

公开号	标题	申请国家/地区	最早优先权年	失效/有效	年均被引/次	受让者或专利权人	转出者
US20110165462 A1	Lithium secondary battery comprises separator-electrolyte assembly/electrolyte layer disposed between cathode/anode, where anode comprises integrated nano-structure of electrically conductive nanometer-scaled filament and lithium alloy foil	美国	2010	有效	6.3	Nanotek Instruments Inc.,Dayton, OH,US	Jang, Bor Z.
US20120171574 A1	Surface-mediated lithium ion-exchanging energy storage device e.g. supercapacitor used as power supply for electric vehicles, has cathode, anode comprising anode active material, porous separator and lithium- containing electrolyte	美国	2010	有效	6.2	Nanotek Instruments Inc.,Dayton, OH,US	Liu, Chenguang
US20130224594 A1	Battery electrode composition, useful in a battery such as a lithium-ion battery, com- prises core-shell composites comprising a sulfur-based core and a multi-functional shell encasing the sulfur-based core	美国	2012	有效	6.0	Sila Nanotechnologies Inc.,Atlanta, GA,US	Kim, Hyea

续表

公开号	标题	申请国家/地区	最早优先权年	失效/有效	年均被引/次	受让者或专利权人	转出者
CN103606660A	Alumina coated core-shell structure for use in electrode material i.e. utilized in e.g. high energy type lithium storage device, comprises core and shell covering core	中国	2013	有效	6.0	Institute of Chemistry, CAS	
US20130045427A1	Lithium cell current collector used in electrochemical energy storage cells e.g. lithium cell comprises electrically conductive substrate having two opposed primary surfaces, and mixture layer of lithium/its alloy with stabilizing agent	美国	2011	有效	5.8	Nanotek Instruments Inc.,Dayton, OH,US	Wang, Yanbo
US20060057463A1	Composite compound for rechargeable battery, includes silicon and/or tin nanodispersed within lithium-containing framework	美国	2004	有效	5.7	FMC Corporation, Philadelphia, PA,US	Gao, Yuan; Diesburg, Daniel; Engel, John; Yakovleva, Marina; Fitch, Brian

续表

公开号	标题	申请国家/地区	最早优先权年	失效/有效	年均被引/次	受让者或专利权人	转出者
US20090169725A1	Production of hybrid nano-filament composition for use in lithium battery electrode comprises depositing micronor nanometer-scaled coating comprising electro-active material onto surface of electrospun nano-fibers	美国	2008	有效	5.6	Nanotek Instruments Inc.,Dayton, OH,US	Jang, Bor Z.
US20100310941A1	Anode nanoscale composition used in rechargeable lithium-ion battery, e.g. for electronic device, comprises nano-structured support matrix, and nanoparticles including metallic	美国	2009	未定	5.5		
US20100178531A1	Device used in energy conversion and storage systems e.g. fuel cell comprises multi-layer stack comprising metal foil layer and carbon nanotube layer grown on the metal layer	美国	2009	有效	5.3	Nokia Technologies Oy,Espoo,FI	Nokia Corporation
EP1244168A1	Electrochemical cell for e.g. high power ion insertion battery, has electrode(s) with first electrode active material that exhibits mesoporous porosity and that contains discrete solid contacting nanoparticles	欧洲	2001	失效	5.1		

续表

公开号	标题	申请国家/地区	最早优先权年	失效/有效	年均被引/次	受让者或专利权人	转出者
CN102306781A	Multilayer graphene and lithium-iron phosphate intercalation composite material for lithium-ion battery, is formed by sintering precursor containing graphene, iron salt, phosphorus compound, lithium compound and carbon source compound	中国	2011	失效	5.1	Institute of Metal Research,CAS	
CN102760877A	Transition metal sulfide/graphene composite material for use as lithium ion battery cathode material, is made of nano-grade transition metal sulfide and graphene, where sulfide is nickel, iron, cobalt, copper or manganese sulfide	中国	2012	有效	5.1	Zhejiang University	
US20110206992A1	Article including porous structures useful as an electrode for energy storage devices e.g. an electrochemical cell, comprises a porous support structure formed by assembling spherical particles present in contact with each other	美国	2009	未定	5.1	Sion Power Corporation, Tucson,AZ,US	Campbell, Christopher T. S.; Affinito, John D.; Kelley, Tracy Earl

续表

公开号	标题	申请国家/地区	最早优先权年	失效/有效	年均被引/次	受让者或专利权人	转出者
US20080274403A1	Anode for secondary battery, has anode collector, and negative active material compressed on surface(s) of collector and being thin porous metal oxide layer with network structure of nano-fibers	美国	2007	有效	5.1	Korea Institute of Science and Technology, Seoul,KP	Kim, Il-Doo; Hong, Jae-Min; Jo, Seong-Mu

4.10 小结

纳米电极技术的研发处于快速增长阶段，每年申请的专利数量增势明显。从持有的专利数量来看，中国大陆、韩国和美国排名前三位，其中，中国大陆占全球技术总量的 72%，表现十分突出。从技术的市场布局来看，中国大陆是最大的目标市场，接近 60%的专利均在中国大陆布局，其次是美国。从各国家/地区的专利布局来看，中国大陆仅有 1.6%的专利在本土以外进行了布局，远远低于德国、美国、日本和韩国，未来中国大陆的专利技术的全球市场竞争力亟待加强。从研发机构的角度来看，中国主要研发机构的专利数量占据绝对优势，其次是韩国企业。但从专利布局来看，中国的主要研发机构很少进行海外专利布局，BTR 新能源材料公司、清华大学和上海交通大学相对布局较多，但与韩国企业相比还存在很大差距。

对中国技术研发情况进一步分析，发现中国的专利数量呈现快速增长趋势，以本土自主研发为主，约 75%的专利处于授权或实质审查状态，专利转让也呈现增加趋势，说明中国的技术研发和市场活动较为活跃。在华专利的主要申请机构以国内机构为主，研究机构相对较多，说明大部分技术目前仍然处于实验室阶段，没有转化为市场应用。

对该领域的核心专利进行分析后发现，韩国和美国企业持有的核心专利较多，中国仅有 1 项来自研究机构的核心专利，与韩国和美国的差距十分明显。进一步分析高被引专利，发现绝大部分专利由美国机构持有，韩国企业也较为突出，中国仅有少量专利被引频次较高，主要施引机构均为国内机构，尚未形成全球影响。

综上所述，我国在纳米电极技术领域处于积极追赶阶段，专利数量优势明显，但专利质量和影响力偏低，缺乏实力研发机构，在全球的市场布局亟待改善。

第 5 章

纳米发电机技术研究态势

我们生活的环境中充满了各种各样的振动能、化学能、生物能、太阳能和热能等，但是这些能量多数并未被利用起来，或者利用率较低。纳米发电机是一种将微小物理变化引起的机械能/热能转换成电能的装置，并且相对于化学电池来说，纳米发电机具有环保、可持续性供电等特点。因此，它是满足目前对可持续性自供电电源需求的一个最优解决方案。目前主要有 3 种类型：压电式、摩擦式、热释电式。

本章从纳米发电机技术专利入手，力求呈现当前专利技术态势及专利活动特点。专利数据来源于美国汤森路透科技（Thomson Reuters Scientific）公司的 TI 数据平台，检索日截至 2017 年 8 月 31 日。在检索的基础上，结合领域专家遴选、判读和标引，构建专利数据集，共计 399 项专利。

5.1 全球专利申请趋势分析

分析纳米发电机技术的专利数量随时间的变化趋势可以作为预测纳米发电机技术发展趋势的重要参考指标。图 5.1 所示为纳米发电机技术专利数量的年度统计情况，从图中可以看出纳米发电机技术的专利家族数量的整体发展态势。2006 年，美国佐治亚理工学院王中林教授领导的研发团队，利用竖直结构的氧化锌纳米线的独特性质，成功地在纳米尺度下将机械能转化成电能，在世界上首次成功研制了纳米发电机，从此引起了全球研究者的研发热潮。之后，纳米发电机技术的专利申请量逐年上升，2013 年的申请量达到 104 项。考虑到专利一般从申请到公开需要最长达 30 个月（12 个月的优先权期限和 18 个月的公开期限）的时间，再考虑到数据库录入的时间延迟，2016 年和 2017 年的专利申请量仅供参考。

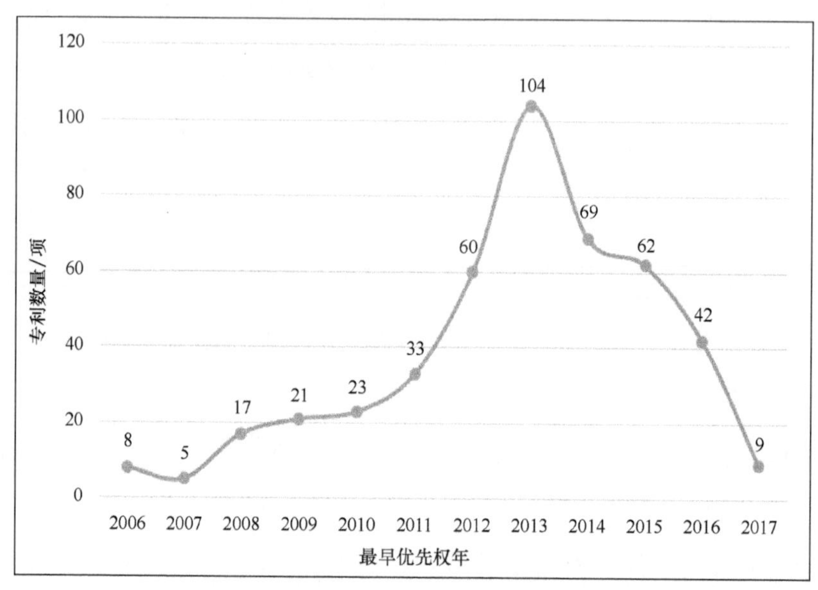

图 5.1　纳米发电机技术专利数量的年度统计情况

5.2　全球专利技术布局分析

技术时间走势分析主要是分析纳米发电机技术的技术手段随时间发展的变化情况，以反映纳米发电机技术的发展过程及最新的技术情况。本节使用 IPC 分类代码来体现技术分类。表 5.1 所示为纳米发电机技术的布局与发展。从表中可以看出，H02N-0002/18（从机械输入产生电输出的，如发电机）、H01L-0041/22（专门适用于组装、制造或处理压电或电致伸缩器件或其部件的方法或设备)、H02N-0002/00(利用压电效应、电致伸缩或磁致伸缩的电动机或发电机)、H02J-0007/00(用于电池组的充电或去极化或用于由电池组向负载供电的装置)四项技术起步较早,从 2006 年就开始涉及,申请量也一直较为稳定。其中,H02N-0002/18 在 2011 年后出现了比较明显的增长趋势,但在 2013 年后有所回落。H02N-0001/04(摩擦发电机)虽然在 2012 年才有所涉及,但是自 2013 年起就成为技术领域中的热点,申请量一直名列前茅。

表 5.1　纳米发电机技术布局与发展

单位:项

分类代码	2006	2007	2008	2009	2010	2011	2012	2013	2014	2015	2016	2017
H02N-0001/04							16	58	42	40	26	7
H02N-0002/18	4	3	7	10	12	16	20	27	10	9	6	
H01L-0041/22	1	1	8	5	5	4	8	6	3	4	3	
H01L-0041/113			3	1	1	5	7	6	3	5	3	1
B82Y-0040/00				2	3	2	7	5	2	2	2	
H01L-0041/18			2	3	3	2	2	2	4	3	2	
H02N-0002/00	2			3	1	5	4	3	1	1	1	
H01L-0041/08		1		1	1	3	2	1	4	3	2	1
H01L-0041/047			1	2	1	1	2	2	3	3	2	
H02J-0007/00	3	1		1		2	1	7	1	2		

纳米发电机技术的 IPC 分布如表 5.2 所示。

表 5.2　纳米发电机技术 IPC 分布

序号	IPC	含　义	专利数量/项
1	H02N-0001/04	摩擦发电机	174
2	H02N-0002/18	从机械输入产生电输出的,如发电机	108
3	H01L-0041/22	专门适用于组装、制造或处理压电或电致伸缩器件或其部件的方法或设备	38
4	H01L-0041/113	带有机械输入与电输出的压电器件或电致伸缩器件	30

续表

序号	IPC	含 义	专利数量/项
5	B82Y-0040/00	纳米结构的制造或处理	23
6	H01L-0041/18	用于压电器件或电致伸缩器件的材料的选择	18
7	H02N-0002/00	利用压电效应、电致伸缩或磁致伸缩的电动机或发电机	18
8	H01L-0041/08	压电器件或电致伸缩器件	15
9	H01L-0041/047	电极	14
10	H02J-0007/00	用于电池组的充电或去极化或用于由电池组向负载供电的装置	14

为了方便、直观、形象地了解纳米发电机技术的研究热点，我们绘制专利技术主题聚类图（见图 5.2），更深入地探索专利技术的发明内容与创新性。分析图 5.2，可以发现图中的技术主题词主要涉及膜（Film）、滑动摩擦单元（Move Friction Unit）等器件结构，磁场（Magnetic Field）、压电材料（Piezoelectric Material）、氧化锌（Zinc Oxide）、纳米线（Nanowire）等原理与材料，以及模块化充电（Module Charge）、能量收集（Energy Collector）等超级电容器（Super Capacitor），柔性发电机（Flexible Nanogenerator）等相关应用技术，但总的来看这一领域的技术分化正在形成中。

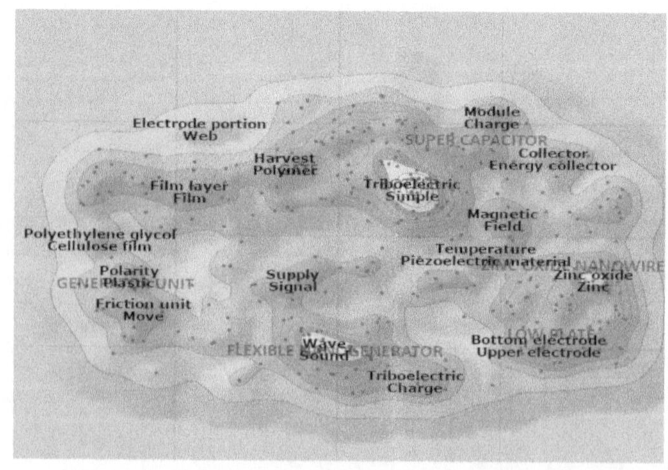

图 5.2 纳米发电机专利技术主题聚类图

5.3　专利技术生命周期分析

图 5.3 所示为纳米发电机技术的专利技术生命周期，从图中可以看出，目前纳米发电机技术正处于快速发展时期，2013 年时，其申请人数量和专利数量都达到了最大值，之后开始有波动。

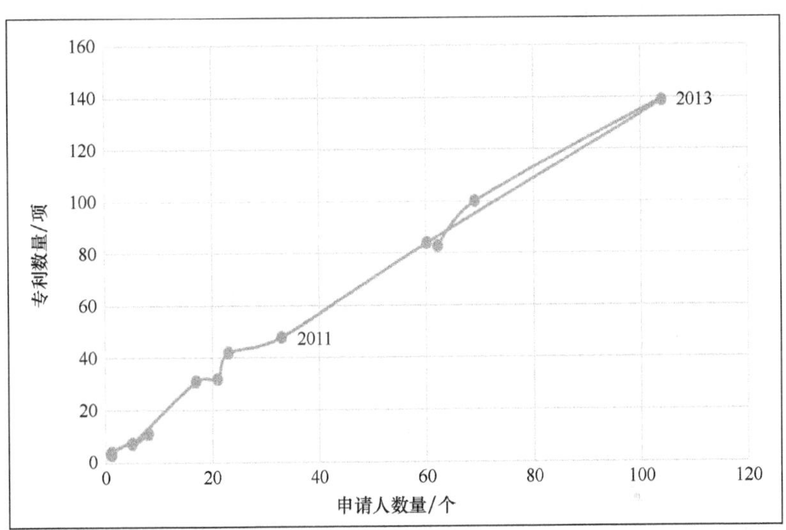

图 5.3　纳米发电机技术的专利技术生命周期

5.4　国家/地区分布分析

5.4.1　国家/地区专利申请活跃度分析

从表 5.3 可以看出，纳米发电机技术专利主要来源于中国、韩国和美国，其中，中国和美国是最早进行此项研究的国家。从活跃度来看，中国近三年的专利申请活跃度最高，产出较多。韩国虽然不是最早进行此项研究的国家，但是近三年的活跃度高于美国，位居第二位。

表 5.3　纳米发电机技术专利来源国活跃度分析

序号	来源国	专利量/项	活跃年份	近三年活跃度
1	中国	230	2006—2017	32.3%
2	韩国	90	2008—2017	17.5%
3	美国	58	2006—2017	15.2%

5.4.2　国家/地区专利技术布局

专利受理国家/地区在一定程度上反映技术最终流入的市场。从图 5.4 可以看出，中国是全球最受重视的技术市场，美国、韩国次之。世界申请位居第四，这在一定程度上反映了纳米发电机技术专利的国际布局程度高。

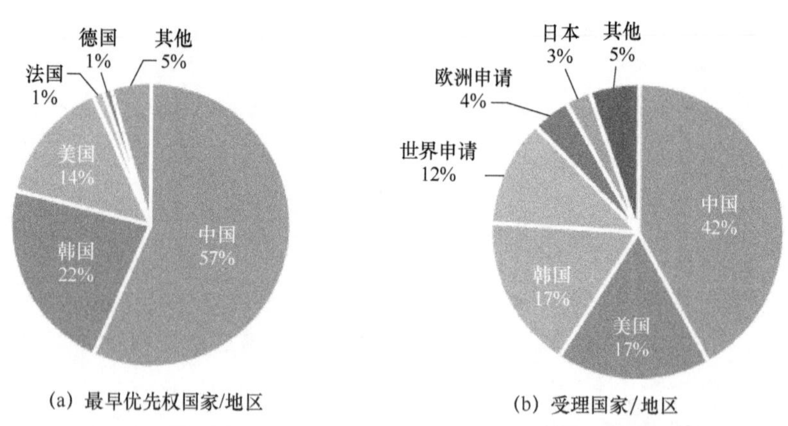

(a) 最早优先权国家/地区　　(b) 受理国家/地区

图 5.4　纳米发电机技术专利最早优先权国家/地区、受理国家/地区

5.4.3　技术流向分析

表 5.4 反映了纳米发电机技术专利主要国家的技术流向，可以看出，中国虽然专利数量大，但是主要在本土布局，除申请了 30 件世界申请专利外，其余国家/地区布局较少。韩国除注重本土市场布局外，在美国的专利布局数量相对较高，其非常关注美国技术市场。

表 5.4　主要国家技术流向分析

单位：件

最早优先权国	受理国家/地区					
	中国	美国	韩国	世界申请	欧洲申请	日本
中国	230	5	3	34	3	3
韩国	5	36	88	11	8	4
美国	4	55	5	14	7	4

5.5　专利权人分析

5.5.1　主要专利权人竞争力分析

从纳米发电机技术的主要专利权人列表（见表 5.5）来看，中国科学院北京纳米能源与系统研究所的专利申请量最高，占本主题专利总量的 16.3%，近三年的活跃度也最高，说明该机构对纳米发电机的研究非常关注，专利技术产出活跃。在排名前 8 位的机构中，中国占据 4 席，且包揽前 3 名，韩国占据 3 席，美国占据 1 席。从机构性质来看，仅有中国的纳米新能源（唐山）有限责任公司、韩国的三星电子公司和美国的佐治亚技术研究有限公司三家企业上榜，说明该技术的转移转化和产业化程度尚有非常大的发展空间。

表 5.5　主要专利权人竞争力分析

申请人	专利所属国家	专利数量/项	占本主题专利百分比/%	活动年期/年	近三年活跃度/%
中国科学院北京纳米能源与系统研究所	中国	65	16.3	6	44.8
纳米新能源（唐山）有限责任公司	中国	56	14.0	3	0
国家纳米科学中心	中国	36	9.0	4	2.6
三星电子公司	韩国	25	6.3	9	13.8

续表

申请人	专利所属国家	专利数量/项	占本主题专利百分比/%	活动年期/年	近三年活跃度/%
佐治亚技术研究有限公司	美国	25	6.3	12	16.0
成均馆大学	韩国	11	2.8	7	23.1
北京大学	中国	10	2.5	3	20.0
韩国科学技术研究院	韩国	10	2.5	5	15.4

5.5.2 主要专利权人技术优势与技术流向分析

从主要专利权人的技术优势来看（见表 5.6），中国科学院北京纳米能源与系统研究所、纳米新能源（唐山）有限责任公司、国家纳米科学中心在摩擦发电机技术领域建立了较强的优势。佐治亚技术研究有限公司、三星电子公司的专利数量虽然不高，但是布局较为全面。其余各专利权人在各技术点上的优势并不明显。

从主要专利权人的技术流向来看（见表 5.7），中国科学院北京纳米能源与系统研究所、国家纳米科学中心、佐治亚技术研究有限公司、成均馆大学等机构的技术布局都主要在本土市场。纳米新能源（唐山）有限责任公司除在中国布局外，也有一定数量的世界申请，说明该企业有一定的“走出去”的意识。另外，三星电子公司在美国布局了 23 项技术，较重视美国市场。

从主要专利权人的技术合作来看（见图 5.5），当前纳米发电机技术尚未实现完全产业化，无论是专利数量还是专利权人数量都相对较少，机构间的合作网络也较为简单。中国科学院北京纳米能源与系统研究所和国家纳米科学中心的技术合作相对较多，三星电子公司、成均馆大学和佐治亚技术研究有限公司存在少量技术合作，纳米新能源（唐山）有限责任公司、北京大学、韩国科学技术研究院的技术则相对较为独立。

表 5.6　主要专利权人技术优势

单位：项

专利权人	H02N-0001/04	H02N-0002/18	H01L-0041/22	H01L-0041/113	B82Y-0040/00	H01L-0041/18	H02N-0002/00	H01L-0041/08	H01L-0041/047	H02J-0007/00
中国科学院北京纳米能源与系统研究所	59	5		1	3					1
纳米新能源（唐山）有限责任公司	44	10	1	3	5					4
国家纳米科学中心	21	7	2	2	5					1
三星电子公司	3	12	7	8		4	1		3	2
佐治亚技术研究有限公司	8	8	4	1	1	1	1	1	1	2
成均馆大学	3	1	3	1			4		1	1
北京大学	9	2		1	1				1	
韩国科学技术研究院	1	4	5	1		4	1	1		

表 5.7 主要专利权人技术流向

单位：项

专利权人	中国	美国	韩国	世界申请	欧洲申请	日本
中国科学院北京纳米能源与系统研究所	65		3	12	3	3
纳米新能源（唐山）有限责任公司	56	1		21		
国家纳米科学中心	36		2	10	2	2
三星电子公司	5	23	23	1	6	2
佐治亚技术研究有限公司	1	25	3	4	2	1
成均馆大学		4	11	3	1	
北京大学	9	1		2		
韩国科学技术研究院		3	10	3	1	

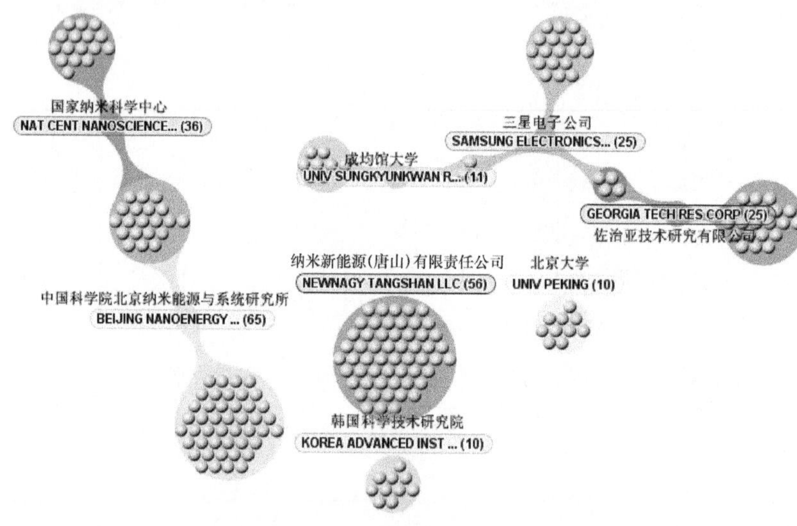

图 5.5 主要专利权人技术合作

5.6 在华专利分析

5.6.1 申请时间趋势分析

截至 2017 年 8 月，根据已公开数据，纳米发电机技术专利在华申请共计 248 件，其发展趋势与全球专利申请趋势类似，即 2011

年后进入快速发展时期，到 2013 年时达到峰值。其在华专利申请时间趋势如图 5.6 所示。

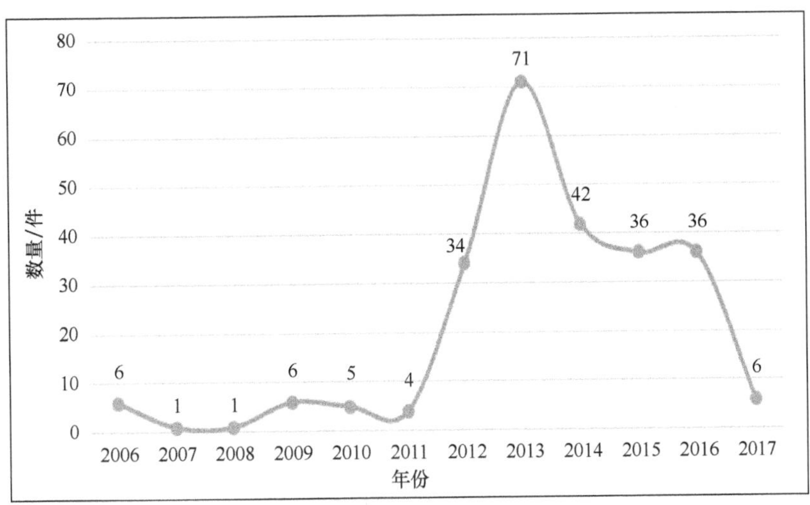

图 5.6　纳米发电机技术在华专利申请时间趋势

5.6.2　法律状态分析

在华专利中，61.73%获得授权，25.99%处于实质审查阶段（见图 5.7），新的专利申请较多，该领域技术仍在快速发展中。

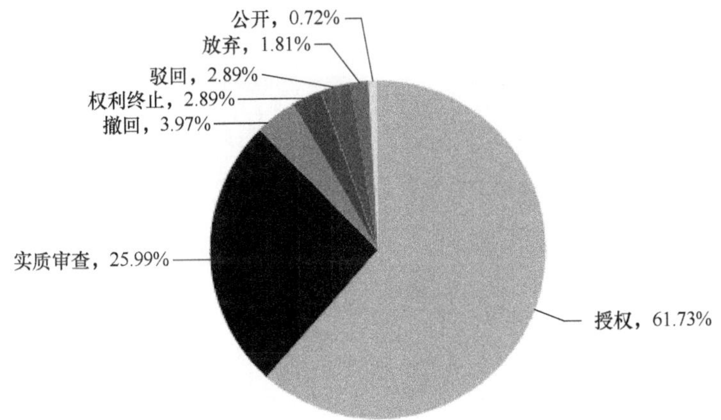

图 5.7　纳米发电机技术在华专利法律状态分析

5.6.3　专利权人分析

我国是纳米发电机技术的主要来源国，在排名前 11 位的在华专利权人中，前 4 位均进入了该领域全球主要专利权人 Top8。北京科技大学、西南交通大学、上海中策工贸有限公司、林明耀、兰州大学、苏州大学、重庆大学等都对该技术进行了研究，但是专利数量与中国科学院北京纳米能源与系统研究所等 4 个机构尚有差距（见图 5.8）。

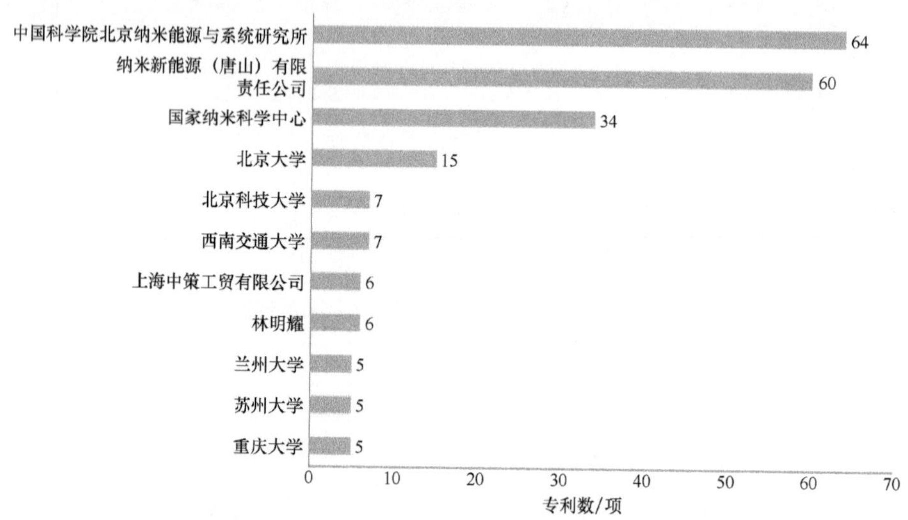

图 5.8　纳米发电机技术在华专利权人分析

5.7　专利技术功效分析

5.7.1　分类与发展趋势

当前纳米发电机主要分为压电式纳米发电机、摩擦式纳米发电机和热释电式纳米发电机，三者的专利数量占比分别为 47%、50% 和 3%。从专利申请的年度趋势来看，压电式纳米发电机是研发时间最长的一类，而摩擦式纳米发电机则是近年来发展最迅速的一类，其专利年申请数量自 2013 年起超过了压电式纳米发电机，成为新晋

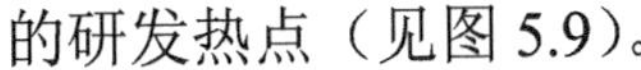

的研发热点（见图 5.9）。

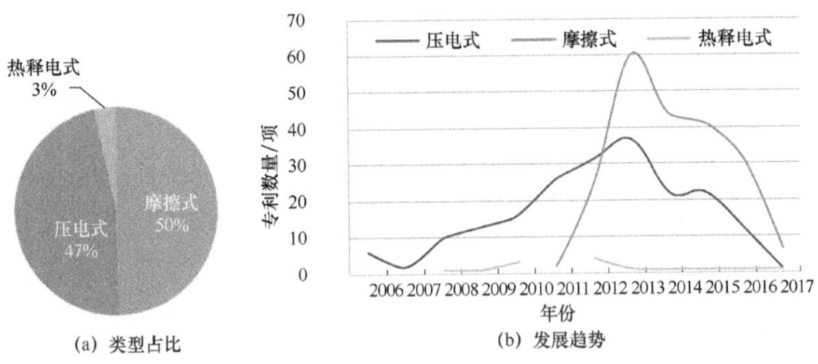

(a) 类型占比　　(b) 发展趋势

图 5.9　纳米发电机的类型占比与发展趋势

5.7.2　技术与国别分布

从各类技术的研究国别分布来看（见表 5.8），中国在各个技术类别均有布局，尤其在接触分离式摩擦纳米发电机上最集中。另外，韩国的主要技术方向为压电式纳米发电机和纳米材料的制备与合成。美国的技术优势在压电式纳米发电机方面。

表 5.8　技术与国别分布

单位：项

技术分类		中国	韩国	美国
	纳米材料的制备与合成	32	28	9
压电式	压电电子学效应、压电光电子学效应	55	44	30
摩擦式	接触分离式摩擦纳米发电机	111	15	7
	滑动式摩擦纳米发电机	45	4	4
	单电极式摩擦纳米发电机	9	1	3
	独立层式摩擦纳米发电机	3	1	1
热释电式	热释电效应	4	2	2
其他	能量管理电路	5		1
	智能控制系统	1		

5.7.3　技术功效矩阵

从技术功效矩阵（见表 5.9）可以看出，目前专利技术的主要研

表 5.9　技术功效矩阵

单位：项

技术 功效		纳米材料的制备与合成	压电式		摩擦式				热释电式	其他	
			压电电子学效应	压电光电子学效应	接触分离式摩擦纳米发电机	滑动式摩擦纳米发电机	单电极式摩擦纳米发电机	独立层式摩擦纳米发电机	热释电效应	能量管理电路	智能控制系统
机械能转换器		4	61		68	33	5	3	2		
新型纳米装置的制作与应用		67	52		40	11	2	1	1		
自驱动传感系统		3	10		15	5	6			1	1
混合发电机		5	12	1	12	3		1	4	1	
自驱动能源系统		3	14		8	1			1		
自充电能源系统		1	6		3		1		1	4	1
热能转化为电能		1	2						8		
生物与健康	生物能转化为电能	3	5		1						
	可穿戴设备	2	2		2						
	植入式能源装置	1			1						
	人机交互界面		1								
	主动调控式晶体管					1					
	生物医学		1		2						

续表

技术 功效		纳米材料的制备与合成	压电式		摩擦式				热释电式	其他	
			压电电子学效应	压电光电子学效应	接触分离式摩擦纳米发电机	滑动式摩擦纳米发电机	单电极式摩擦纳米发电机	独立层式摩擦纳米发电机	热释电效应	能量管理电路	智能控制系统
其他	新型摩擦材料				2	3					
	压电光电子学		3								
	摩擦电子学				2	2					
	压电触控装置		1								
	新型储氢能源						1				
	新型压电材料		1								
	电磁与压电混合能源装置或系统		1								
	能量管理与存储									1	
	静电吸附					1					

发方向在于利用压电电子学效应、接触分离式摩擦纳米发电机、滑动式摩擦纳米发电机实现机械能向电能的转化，并不断探索新型纳米装置的制作与应用。另外，混合发电机、自驱动能源系统、自充电能源系统、生物能转化为电能、可穿戴设备、能量管理与存储等也是潜在的研发方向。

5.7.4 分支领域主要专利申请人

从技术分类来看，纳米发电机领域的专利技术主要集中在压电式纳米发电机和摩擦式纳米发电机两大技术领域。在压电式纳米发电机的主要专利申请人中，韩国的三星电子公司和美国的佐治亚技术研究有限公司分别以 20 项、14 项专利数位列第一和第二。中国的纳米新能源（唐山）有限责任公司排名第三位。另外，中国的国家纳米科学中心、上海中策工贸有限公司和中国科学院北京纳米能源与系统研究所三家单位也上榜了。从活动年期和近三年活跃度来看，三星电子公司和佐治亚技术研究有限公司的活动年期相对较长，中国科学院北京纳米能源与系统研究所、韩国科学技术研究院的活跃程度较高（见表 5.10）。

表 5.10 压电式纳米发电机主要专利申请人

申请人	专利所属国家	专利数/项	活动年期/年	近三年活跃度
三星电子公司	韩国	20	8	15.0%
佐治亚技术研究有限公司	美国	14	7	7.1%
纳米新能源（唐山）有限责任公司	中国	13	3	23.1%
国家纳米科学中心	中国	10	2	0
仁和工业合作研究所	韩国	9	4	0
韩国科学技术研究院	韩国	9	4	44.4%
成均馆大学	韩国	8	4	0
上海中策工贸有限公司	中国	6	1	0
庆熙大学产业合作所	韩国	6	5	50.0%

续表

申请人	专利所属国家	专利数/项	活动年期/年	近三年活跃度
中国科学院北京纳米能源与系统研究所	中国	4	2	75.0%
韩国电子通信研究院	韩国	4	2	0

在摩擦式纳米发电机的主要专利申请人中，中国科学院北京纳米能源与系统研究所和纳米新能源（唐山）有限责任公司分别以 60 项、49 项专利数位列第一和第二，国家纳米科学中心排名第三位。另外，北京大学、西南交通大学 2 家中国科研机构也上榜了，可见中国在摩擦式纳米发电机领域具有较强的优势。从活动年期和近三年活跃度来看，中国科学院北京纳米能源与系统研究所、国家纳米科学中心和佐治亚技术研究有限公司的活动年期相对较长，西南交通大学较晚进入该领域开展研究，专利均为近三年产出。另外，中国科学院北京纳米能源与系统研究所、佐治亚技术研究有限公司近三年活跃度也较高（见表 5.11）。

表 5.11　摩擦式纳米发电机主要专利申请人

申请人	专利所属国家	专利数/项	活动年期/年	近三年活跃度
中国科学院北京纳米能源与系统研究所	中国	60	6	50.0%
纳米新能源（唐山）有限责任公司	中国	49	3	0.0%
国家纳米科学中心	中国	27	5	7.4%
佐治亚技术研究有限公司	美国	12	5	50.0%
北京大学	中国	7	3	28.6%
西南交通大学	中国	6	2	100.0%
三星电子公司	韩国	5	4	20.0%

5.8　核心专利及技术跟踪分析

在专利分析平台 Innography 给出的专利强度较高的 10 项专利中（见表 5.12），三星电子公司在 2014 年申请的专利 US20140313141 A1

表 5.12　核心专利列表（部分）

序号	公开号	标题	专利权人	年份	专利强度
1	US20140313141 A1	Smart apparatus having touch input module and energy generating device，and operating method of the smart apparatus	Samsung Electronics Co.，Ltd.	2014	90%~100%
2	US20130282117 A1	Systems，devices，and/or methods for managing implantable devices	E-vision Smart Optics，Inc.	2013	80%~90%
3	US20150061460 A1	Textile-based energy generator	Samsung Electronics Co.，Ltd.	2015	80%~90%
4	US20170160817 A1	Personality identified self-powering keyboard	Georgia Tech Research Corporation	2017	80%~90%
5	CN103780143 A	Piezoelectric nanometer generator，eyeball moving monitor sensor and monitor method	Beijing Institute of Nanoenergy And Nanosystems, Chinese Academy of Sciences	2014	70%~80%
6	US20110163636 A1	Matrix-assisted energy conversion in nanostructured piezoelectric arrays	Lawrence Livermore National Security，Llc	2011	70%~80%
7	US20090295257 A1	Hybrid solar nanogenerator cells	Georgia Tech Research Corporation	2009	70%~80%
8	US20100060109 A1	Nanotubes，nanorods and nanowires having piezoelectric and/or pyroelectric properties and devices manufactured therefrom	University of Massachusetts	2010	70%~80%
9	CN104868777 A	Friction nanometer generator，generating set and power generation method	Beijing Institute of Nanoenergy and Nanosystems	2015	70%~80%
10	CN203086374 U	Nanogenerator packaging piece	Nazhiyuang Technology (tangshan) Llc	2013	70%~80%

中，公开了一种智能装置，其嵌入的驱动模块可以利用其上的触摸输入模块和能量收集装置，将外部机械能转化为电能。佐治亚技术研究有限公司在 2017 年申请的专利 US20170160817 A1 中，公开了一种键盘，其能将按键的机械能转换成电能。中国科学院北京纳米能源与系统研究所在 2014 年申请的专利 CN103780143 A 中公开了一种压电纳米发电机和眼球移动监控传感器及其监控方法。

5.9　小结

纳米发电机被视为满足可持续性自供电电源需求的最优解决方案之一，受到研究人员和产业界的关注。通过本章的分析，可以得到以下结论。

（1）纳米发电机的研发工作始于 2006 年，在经过短暂的技术积累期后，2010 年进入快速上升阶段并在 2013 年达到顶峰。

（2）从技术领域来看，膜、滑动摩擦单元、磁场、压电效应等一直是该领域的技术研发重点；氧化锌、纳米线等材料，模块化充电、超级电容器、柔性发电机等方向也受到关注。在压电式、摩擦式和热释电式三种纳米发电机中，压电式纳米发电机是研发时间最长的，摩擦式纳米发电机则是近年来发展最迅速的。

（3）中、美两国是最早开展纳米发电机研究的国家，这也得益于王中林教授团队在该领域的开创性贡献。中国一直保持较高的产出和活跃度，在接触分离式摩擦纳米发电机方向的专利申请较为集中，同时中国也是全球最受重视的技术市场。另外，韩国的主要技术方向为压电式纳米发电机和纳米材料的制备与合成。美国的技术优势在压电式纳米发电机方面。

（4）该领域表现出了良好的产业应用价值，但尚未实现完全产业化。中国的纳米新能源（唐山）有限责任公司、韩国的三星电子公司、美国的佐治亚技术研究有限公司均开展了技术研发和专利布局，但目前尚未在技术分支中形成明显的领先优势。

（5）在华专利的申请趋势与全球趋势一致，领域技术快速发展，中国科学院北京纳米能源与系统研究所、纳米新能源（唐山）有限责任公司、国家纳米科学中心、北京大学等机构的专利产出位居前列。

第6章 资源小分子纳米催化剂技术研究态势

我们通过设计检索式，在德温特专利数据库进行检索，所得数据集经过专家判读后，共得到 2192 项专利。本章用 Derwent Data Analyzer 对这些专利进行分析。

6.1 全球专利申请趋势分析

由图 6.1 可见，资源小分子纳米催化剂技术相关专利申请自 1975 年开始，在之后的 20 年左右专利申请量较为平缓。1996 年后，专利

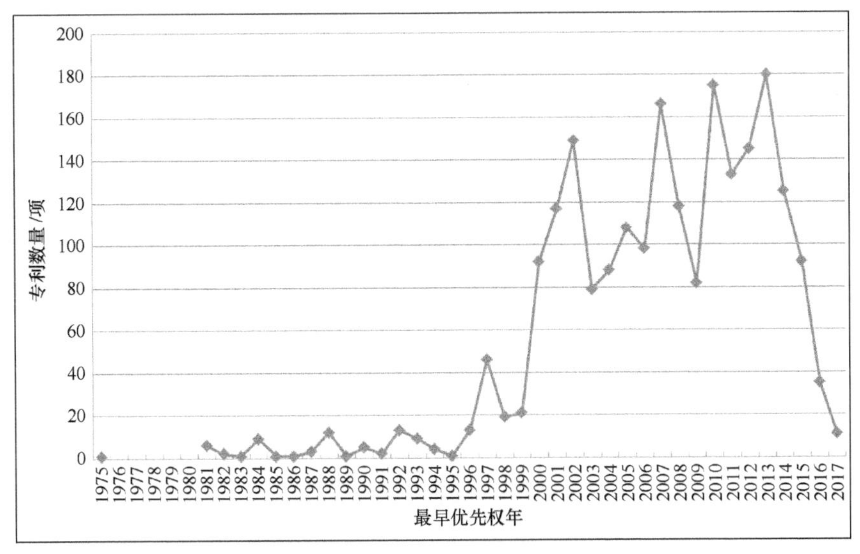

图 6.1　全球专利年度申请趋势

数量开始以较快速度增长，经历了1998年和1999年的小低谷后，在2000年重新回到快速增长的状态。但在2003年以后，专利数量出现多次波动，在波动中缓慢增长，且在2014年以后专利数量呈现下降趋势。

6.2 全球专利技术布局分析

对专利IPC分类号进行统计（见表6.1），可见该领域专利技术主要集中在B类（作业；运输）和C类（化学；冶金）。其中，在B01J、C07C、C10G等方面的专利较多。

表6.1 专利IPC分类号统计

序号	IPC	含义	专利数/项
1	B01J	化学或物理方法，例如，催化作用，胶体化学；其有关设备	1414
2	C07C	无环或碳环化合物	1189
3	C10G	烃油裂化；液态烃混合物的制备，如用破坏性加氢反应、低聚反应、聚合反应；从油页岩、油矿或油气中回收烃油；含烃类为主的混合物的精制；石脑油的重整；地蜡	851
4	C01B	非金属元素；其化合物	494
5	C07B	有机化学的一般方法；所用的装置	103
6	C10J	由固态含碳物料通过包含氧气或蒸气的部分氧化工艺生产含一氧化碳和氢气的气体；空气或其他气体的增碳	82
7	C10L	未列入其他类目的燃料；天然气用；C10G，C10K小类不包括的方法得到的合成天然气；液化石油气；为减少烟雾或不需要的积垢，或为易于除去烟垢而在燃料或火中加入的物质；引火物	76
8	B01D	分离	54
9	C10K	含一氧化碳可燃气体化学组合物的净化和改性	51
10	C40B	组合化学；化合物库，如化学库、虚拟库	30

6.3 专利技术生命周期分析

由图 6.2 可见，1999 年以前，专利数量和专利权人数量都较少，技术处于萌芽阶段；从 2000 年开始，专利数量和专利权人数量都有明显增长，表明技术处于发展期；但从 2003 年开始，生命周期曲线出现多次迂回，显示技术或许遇到瓶颈，导致发展略显停滞。

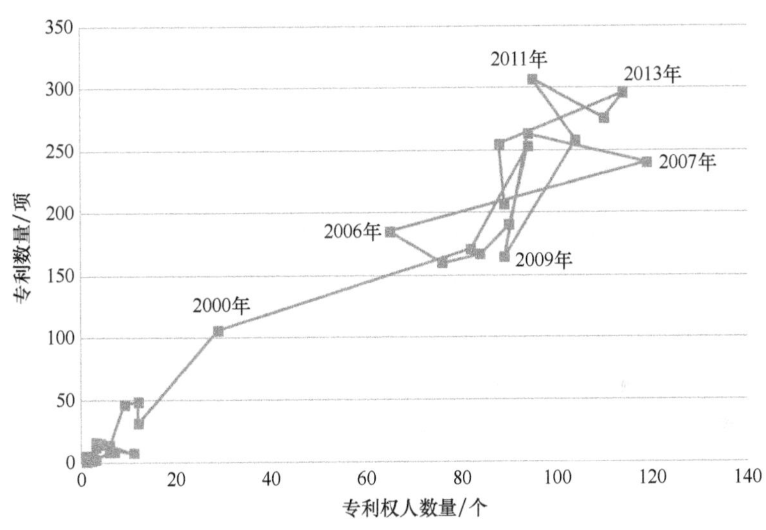

图 6.2　专利技术生命周期

6.4 国家/地区分布分析

对最早优先权国家/地区进行统计（见图 6.3），可以看出，美国专利数量超过 1200 项，位居第一；中国专利数量超过 400 项，位居第二；欧洲地区、英国、韩国分别位列第三、第四、第五位。从专利占比来看，美国专利数量超过该领域专利总量的 55%，远超其他国家/地区。

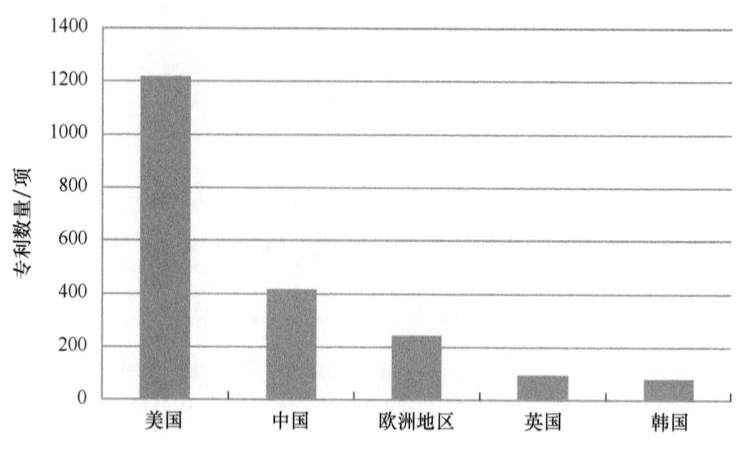

图 6.3　国家/地区分布情况

6.4.1　国家/地区专利申请活跃度分析

从各国家/地区专利的发表时间来看（见图 6.4），美国对该领域的专利申请开始最早且具有较好的持续性，中国和欧洲地区的专利

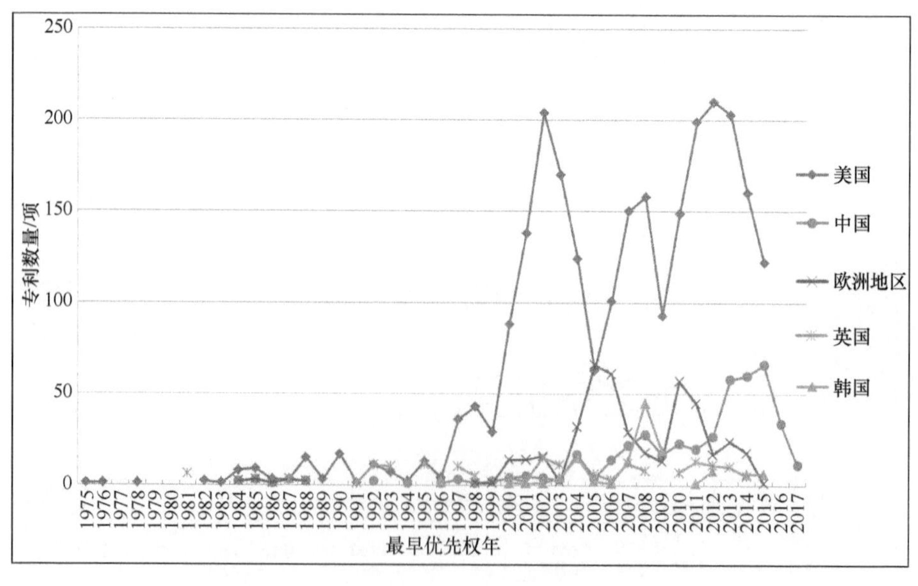

图 6.4　国家/地区的专利申请时间分布

申请比美国晚了 10 年左右，从 20 世纪 90 年代中后期开始才基本保持了专利的持续申请。英国于 1981 年开始有专利申请，但持续性较差。韩国在 1996 年才开始申请专利，在 2000 年以后基本保持专利的持续申请。

6.4.2　国家/地区专利技术布局

对主要专利申请国家/地区的技术方向进行分析（见图 6.5），可以看出，美国的专利技术主要集中在合成气制液态燃料和合成气制醇方面，专利占比超过其总量的 56%。此外，美国在 CH_4/CO_2 重整制合成气及合成气制低碳烯烃等方向也有一定的专利申请。中国的专利技术方向以合成气制低碳烯烃为主，合成气制醇、合成气制液态燃料及 CH_4/CO_2 重整制合成气也是专利布局的主要技术方向。欧洲地区、英国和韩国都在合成气制液态燃料方面有较多的专利申请，其专利占比分别达到了 47.3%、57.4%和 60.5%。此外，英国在合成气制芳醇方面的专利布局比例及韩国在 CH_4/CO_2 重整制合成气方面的专利布局比例分别高于其他主要国家/地区。

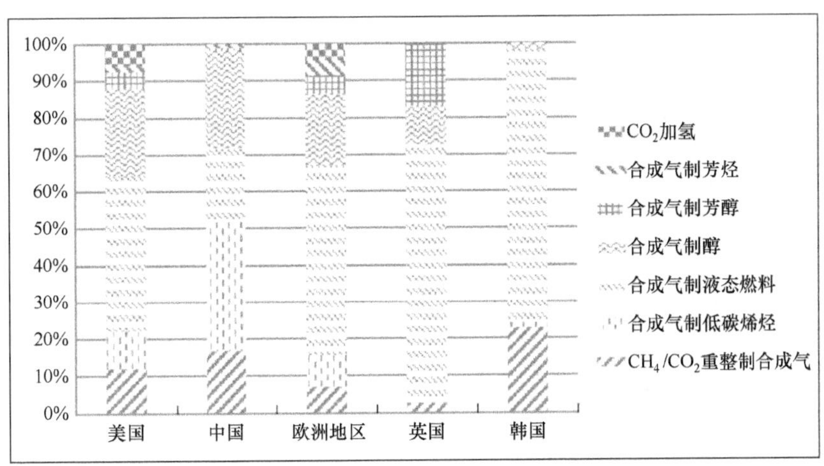

图 6.5　主要国家/地区专利技术布局

6.5 技术流向分析

对主要国家/地区的专利技术流向进行分析，美国、欧洲地区和英国在主要专利市场国家/地区均有较多的专利申请，其在本国专利申请总量中的占比分别高达 80%、89%和 87%。韩国在美国也有较多的专利申请，并有较多世界申请。这些国家/地区都非常重视专利技术的保护。由图 6.6 可见，我国的专利申请仍以国内布局为主，在其他国家/地区的申请较少，比例不足本国专利申请总量的 10%。

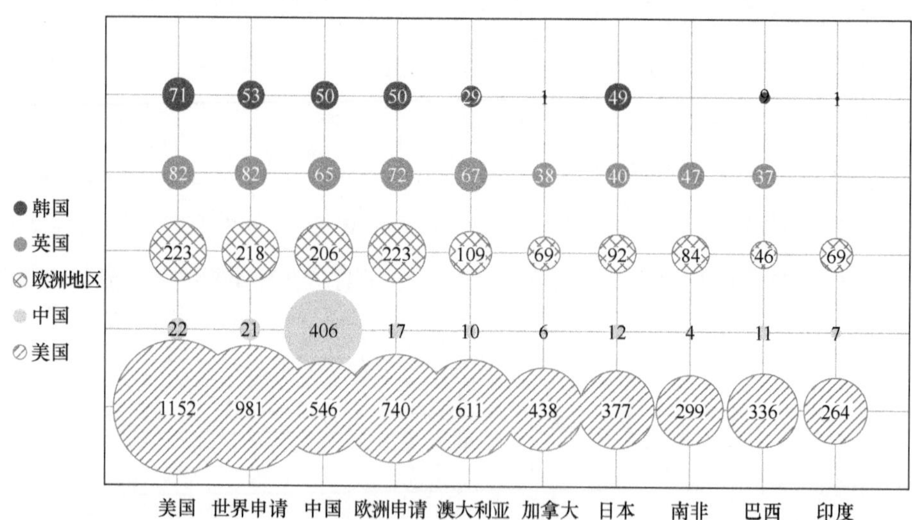

图 6.6 专利技术流向（单位：项）

6.6 专利权人分析

6.6.1 主要专利权人竞争力分析

表 6.2 所示为主要专利权人的专利申请情况。在专利申请数量排

名前十位的专利权人中，包括 5 个美国机构——埃克森、雪弗隆、雷奇燃料公司、康菲石油公司和雅宝公司。其中，埃克森和雪弗隆排名前两位。其他 5 个机构分别是沙特基本工业公司、中国石化、壳牌、英国石油和沙索公司。从专利申请时间区间来看，沙特基本工业公司和中国石化在近三年的专利申请较为活跃，而其他公司在近三年几乎没有专利申请。

表 6.2　主要专利权人的专利申请情况

序号	专利权人	国家	专利数量/项	时间区间	近三年产出比
1	埃克森	美国	163	1984—2015 年	1%
2	雪弗隆	美国	131	2000—2014 年	0
3	沙特基本工业公司	沙特阿拉伯	129	2007—2016 年	47%
4	中国石化	中国	124	2001—2016 年	29%
5	壳牌	荷兰	111	1982—2015 年	1%
6	雷奇燃料公司	美国	85	2007—2012 年	0
7	英国石油	英国	81	1991—2013 年	0
8	康菲石油公司	美国	78	1999—2010 年	0
9	雅宝公司	美国	70	2007—2014 年	0
10	沙索公司	南非	69	2001—2008 年	0

6.6.2　主要专利权人技术优势分析

表 6.3 所示为主要专利权人的技术主题词，可以发现，雪弗隆、沙特基本工业公司、中国石化、壳牌、雷奇燃料公司、康菲石油公司、雅宝公司等均在合成气方面有较多的专利申请。在产品方面，美国的埃克森、雷奇燃料公司和雅宝公司均以醇类为主，如乙醇、甲醇等。

表 6.3　主要专利权人的技术主题词

序号	专利数量/项	专利权人	排名最前的技术主题词
1	163	埃克森	分子筛[35]；氢气[35]；甲醇[31]
2	131	雪弗隆	合成气[77]；转化[47]；催化剂[32]
3	129	沙特基本工业公司	二氧化碳[53]；合成气[51]；一氧化碳[44]
4	124	中国石化	催化剂[49]；载体[31]；合成气[28]
5	111	壳牌	合成气[33]；液体[19]；反应器[18]
6	85	雷奇燃料公司	合成气[66]；乙醇[40]；甲醇[30]
7	81	英国石油	转化[61]；氢气[57]；氧气[25]
8	78	康菲石油公司	催化剂[23]；制备[17]；合成气[16]
9	70	雅宝公司	合成气[56]；乙醇[31]；制备[17]；醇类[17]
10	69	沙索公司	氢气[22]；碳氢化合物[22]；制备[20]；天然气[20]

通过专家判读，对主要专利权人的技术方向进行分析（见图 6.7），发现合成气制液态燃料和合成气制醇（包括芳醇）是这一领域的主

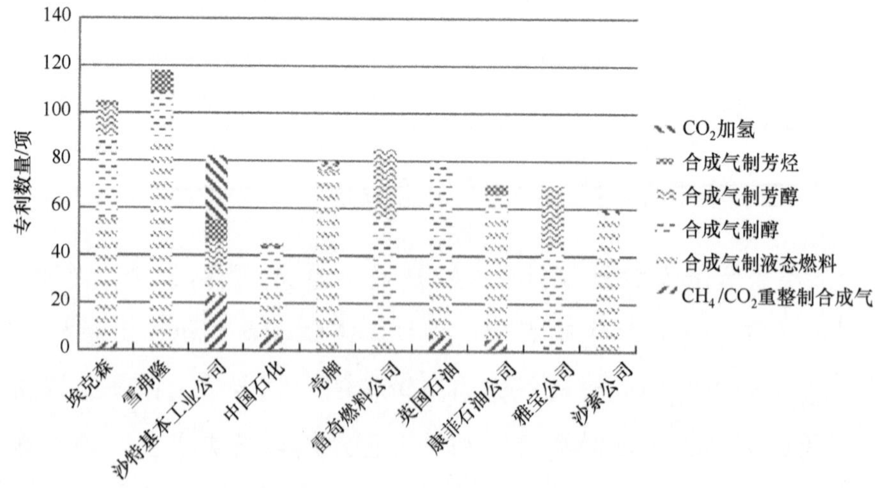

图 6.7　主要专利权人技术方向

要方向。其中，埃克森、雪弗隆、壳牌、康菲石油公司、沙索公司在合成气制液态燃料方面的专利占比较高。雷奇燃料公司、英国石油及雅宝公司则偏重合成气制醇。雷奇燃料公司、雅宝公司在合成气制芳醇方面也有一定的专利申请。沙特基本工业公司在 CO_2 加氢及 CH_4/CO_2 重整制合成气方面的专利申请较为突出。

6.6.3　主要专利权人专利布局分析

对主要专利权人的专利国际申请情况进行分析（见图 6.8），发现除中国石化外，其他主要机构均在国际市场有不同程度的专利申请，可见中国机构在国际专利申请上亟待加强。

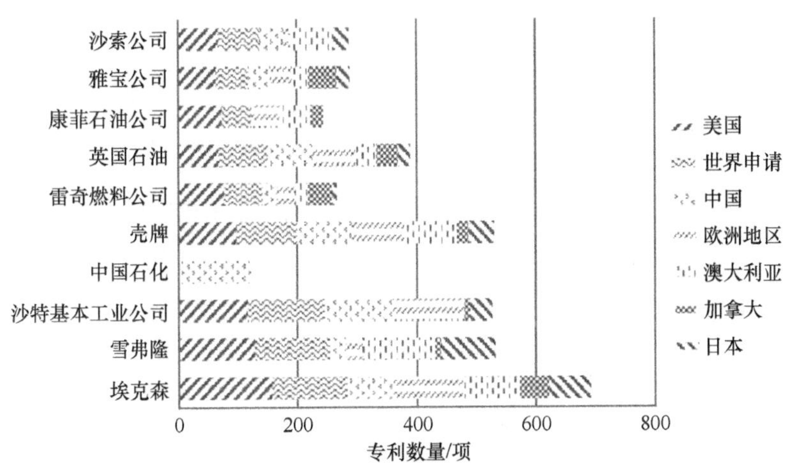

图 6.8　主要专利权人专利布局

6.6.4　主要专利权人活跃度分析

由图 6.9 可见，美国的埃克森较早开始了该领域的专利申请，且在早期表现较为活跃，但从 2006 年以后活跃度降低。雪弗隆、康菲石油公司、沙索公司、英国石油、雷奇燃料公司等在 2000 年后的专利申请相继活跃，但近几年的活跃度降低。近几年较为活跃的专利权人有沙特基本工业公司、中国石化等。

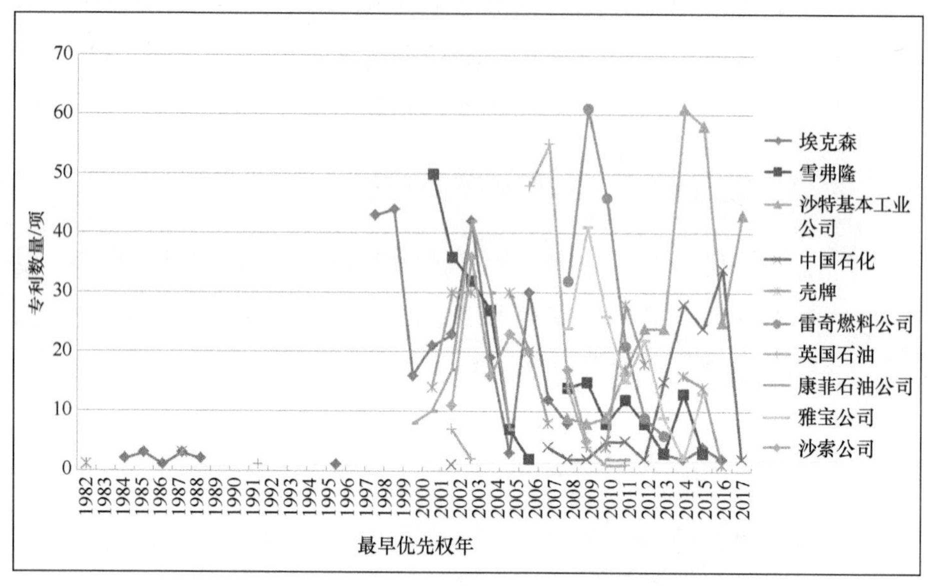

图 6.9　主要专利权人年度专利申请情况

6.7　在华专利分析

6.7.1　申请时间趋势分析

对在华专利的年度申请情况进行分析（见图 6.10），可见国内的专利申请始于 1984 年，在较长的时间内增长都较为缓慢，直到 2000 年左右才开始快速增长，虽然在 2003 年、2009 年和 2012 年出现了几次波动，但总体保持增长状态，2015 年后有所下降。

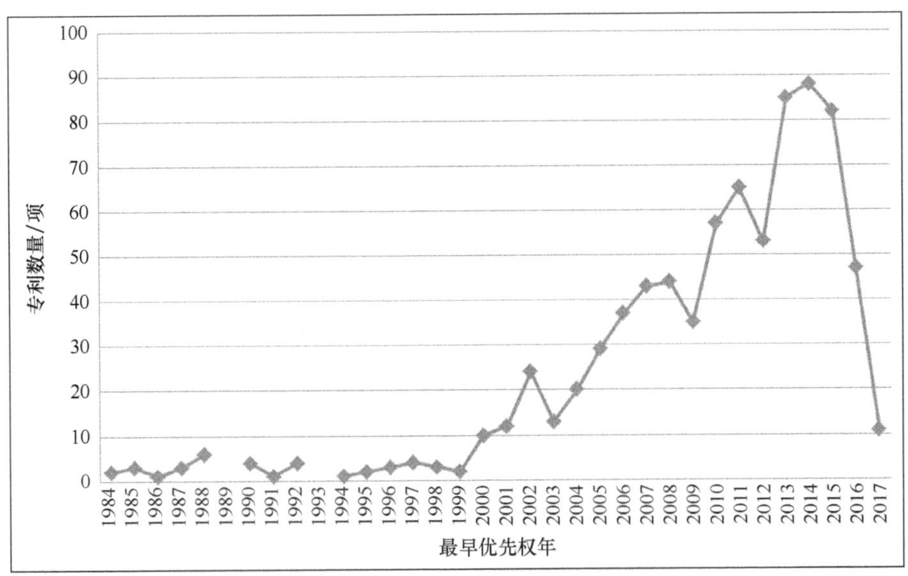

图 6.10　在华专利年度申请情况

6.7.2　法律状态分析

对在华专利的法律状态进行分析（见图 6.11），发现授权专利占比仅为 13%，大部分专利仍处于申请阶段，约 4%的专利处于无效状态。

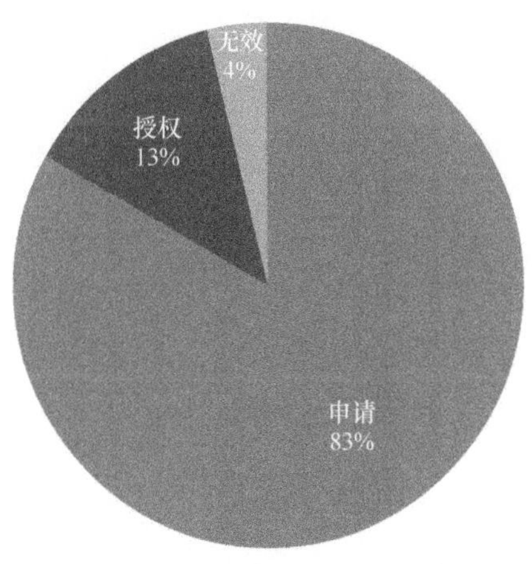

图 6.11　在华专利法律状态

6.7.3 专利权人分析

表 6.4 所示为在华申请专利的主要专利权人。其中，中国石化的专利数量远超其他机构，位居第一。太原科技大学、中国科学院山西煤炭研究所、中国科学院大连化学物理研究所、厦门大学、南化集团研究院的专利申请数量也排名前十位，但专利数量基本在10～20 项，与国际主要专利权人相差甚远。值得注意的是，埃克森、沙特基本工业公司、英国石油及壳牌在中国的专利申请数量也进入了前十位。由此可见，中国在该领域的专利技术亟待加强。

表 6.4 在华申请专利的主要专利权人

序号	专利数量/项	专利权人
1	124	中国石化
2	24	埃克森
3	24	沙特基本工业公司
4	21	太原科技大学
5	19	中国科学院山西煤炭研究所
6	18	英国石油
7	18	壳牌
8	15	中国科学院大连化学物理研究所
9	12	厦门大学
10	11	南化集团研究院

6.7.4 专利技术分析

对在华专利的技术方向进行分析（见图 6.12），发现合成气制低碳烯烃、合成气制液态燃料和合成气制醇是在华专利布局的三大主要技术方向，专利占比均达到 25%左右；CH_4/CO_2 重整制合成气也是较为主要的技术方向，专利占比约为 13%；但在合成气制芳醇、合成气制芳烃和 CO_2 加氢方面，在华专利涉及相对较少。

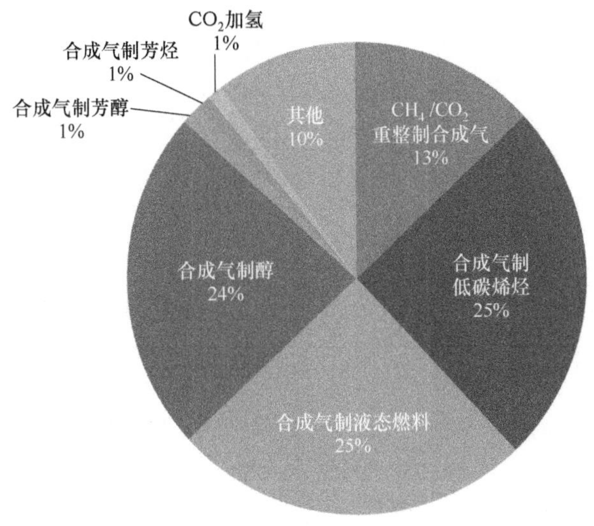

图 6.12　在华专利技术布局

6.8　核心专利及技术跟踪分析

表 6.5 所示为排名前十的高被引专利。其中，埃克森、雷奇燃料公司、陶氏、康菲石油公司等专利权人均是美国著名的化工、能源企业。从专利的申请时间来看，埃克森、陶氏的高被引专利申请较早，雷奇燃料公司的专利则较为“年轻”；从专利技术方向来看，这些高被引专利多数布局在醇类（如乙醇）、烃类（如烯烃）的催化合成方面。

表 6.5　排名前十的高被引专利

公开号	专利权人	施引参考文献数/篇	最早优先权年	标　题
US4568663A	埃克森	272	1984	Cobalt catalysts for the conversion of methanol to hydrocarbons and for Fischer-Tropsch synthesis

续表

公开号	专利权人	施引参考文献数/篇	最早优先权年	标　题
US7884253B2	雷奇燃料公司	256	2008	Methods and apparatus for selectively producing ethanol from synthesis gas
US5714662A	环球油品公司	229	1995	Process for producing light olefins from crude methanol
US20070270511A1	森林生物燃料有限公司	181	2006	System and method for converting biomass to ethanol via syngas
US20090069609A1	雷奇燃料公司	179	2007	Cobalt-molybdenum sulfide catalyst materials and methods for ethanol production from syngas
US20080283411A1	原则能源解决方案公司	154	2007	Methods and devices for the production of Hydrocarbons from Carbon and Hydrogen sources
US20070099038A1	GALLOWAY TERRY R	137	2002	Process and system for converting carbonaceous feedstocks into energy without greenhouse gas emissions
US4752623A	陶氏	134	1984	Mixed alcohols production from syngas
US7541310B2	康菲石油公司	118	2003	Silica-alumina catalyst support，catalysts made therefrom and methods of making and using same
US5883138A	埃克森	106	1997	Rapid injection catalytic partial oxidation process and apparatus for producing synthesis gas

6.9 小结

在资源小分子纳米催化剂技术领域共计检索到2192项专利，自1975年开始专利申请，1996年后专利数量开始以较快速度增长，但

2003 年以后，专利申请数量波动较大，发展略显停滞。美国和中国分别以 55%和 18.2%的专利占比位居专利申请国家/地区的前两位。美国专利申请开始的时间比中国早 10 年左右。美国、欧洲地区和英国在主要专利市场国家/地区的专利申请量均占本国专利申请总量的 80%以上，而中国的该占比则不足 10%。

从专利布局的技术方向来看，美国主要集中在合成气制液态燃料、合成气制醇、CH_4/CO_2 重整制合成气及合成气制低碳烯烃等方向；中国以合成气制低碳烯烃为主，另外在合成气制醇、合成气制液态燃料及 CH_4/CO_2 重整制合成气等方向也有布局。

埃克森、雪弗隆、沙特基本工业公司、中国石化、壳牌申请的专利数量排名世界前五位，沙特基本工业公司和中国石化在近三年的专利申请较为活跃。专利数量排名前十位的专利权人在合成气制液态燃料和合成气制醇（包括芳醇）方面有较多的专利布局。在在华申请专利的主要专利权人中，埃克森、沙特基本工业公司、英国石油及壳牌的在华专利申请数量排名进入了前十位，可见中国在该领域的专利技术亟待加强。

说　明

1．数量统计单位约定

在本书中，针对专利技术发明数量及专利技术原创国、原创时间进行分析，以及对专利家族进行合并统计时，专利数量的单位为“项”。德温特（Derwent）专利数据库中的一条记录对应一个专利家族，一般情况下，一个专利家族对应一项专利技术发明。而针对专利在不同国家/地区公开的情况进行分析，对各个国家/地区的专利数量进行单独统计时，专利数量的单位为“件”。一般情况下，一项专利技术发明可能对应一件或多件专利申请。

2．技术分类

1）国际专利分类（IPC）体系

为了清晰准确地了解纳米能源领域专利的技术领域分布，探索其分布趋势和集中分布点，我们参照 IPC 体系，对专利产出进行了技术分类。IPC 体系包括以下几类：

A——人类生活必需。

B——作业；运输。

C——化学；冶金。

D——纺织；造纸。

E——固定建筑物。

F——机械工程；照明；加热；武器；爆破。

G——物理。

H——电学。

2）德温特分类（Derwent Classification）代码

德温特分类代码是以主题范畴分类为基础的分类体系。它由一位代表专业类目的英文字母和1～2位数字组成，共有20组，分为3部分。其中，化学部分包括A～M组，工程部分包括P～Q组，电力与电子部分包括S～X组。例如，S05表示电气医疗设备类。

3．专利家族

随着科学技术的发展，专利技术的国际交流日益频繁。人们欲使其一项新发明技术获得多国专利保护，就必须将其发明创造向多个国家申请专利，由此产生了一组内容相同或基本相同的文件出版物，称为一个专利家族。专利家族可分为狭义专利家族和广义专利家族两类。广义专利家族指一件专利后续衍生的所有不同的专利申请，即同一技术发明后所衍生的其他发明，以及相关专利在其他国家所申请的专利的组合。本书所述专利家族都指广义上的专利家族。

本书所述专利家族都来自德温特专利数据库中的德温特专利家族。德温特专利数据库中的一条记录代表一个专利家族。德温特的专家将第一篇进入德温特专利数据库的专利称为基本专利（Basic Patent），之后对进入德温特专利数据库的每篇专利进行检查，如果其权利要求是在基本专利范围内，则将其添加到基本专利的记录中；如果其有新的优先权，基本专利无法覆盖，则将其作为基本专利，重新生成一条记录。

4．基本专利、同族专利

在同一专利家族中，每件文件出版物都是该专利家族的成员，称为成员专利。成员专利之间互为同族专利。德温特出版公司规定，先收到的主要国家的专利为基本专利，后收到的同一发明的专利为同族专利。

5. 专利技术发明

从技术的角度来看，属于同一专利家族的多件专利申请可视为同一项技术。德温特专利数据库将在不同国家申请的同一发明专利合并成一条记录，以避免研究人员检索专利后重复阅读同一技术发明，节省研发人员的宝贵时间。从这一角度出发，我们把德温特专利数据库的每条记录叫作一项专利技术发明。

6. 最早优先权年

最早优先权年表示某项专利技术发明在全球最早提出专利申请的时间。利用专利产出的优先权年份，可以更准确地反映某项技术发明在世界范围内的最早起源时间。

7. 优先权国家/地区

各国家/地区受理的专利申请不一定都是由本国家/地区的机构和公民提出的，但本国家/地区机构和公民提出的专利申请量通常情况下在本国家/地区受理专利总量中占有较高比例。对于涉外申请，大多数国家/地区的专利法中都有规定。一般要求申请者在本国家/地区申请后，以本国家/地区申请为优先权，再向其他国家/地区提出申请，或通过 PCT 途径，以本国家/地区为受理局，提出 PCT 申请。这样做一般是基于国家安全考虑的，可以避免某些保密专利在向国外申请时被泄露。因此，专利申请的优先权国家/地区分布情况基本可以反映所在国家/地区的专利产出情况。

参 考 文 献

[1] 郑佳. 美国纳米传感器技术发展计划与战略部署[J]. 全球科技瞭望，2013，28（9）：34-40.

[2] Roco M C，Williams S，Alivisatos P. Vision for Nanotechnology Research in the Next Decade[EB/OL].（1999-09-01）[2017-07-05]. https://www.nano.gov/node/1074.

[3] Siegel R W，Hu E，Roco M C. Nanostructure Science and Technology[EB/OL].（1999-09）[2017-07-05]. http://www.wtec.org/loyola/pdf/nano.pdf.

[4] 刘晓君. 冷战后美国主要科技研发计划纵览（Ⅱ）[J]. 科技导报，2013，31（7）：11.

[5] National Research Council. Small Wonders，Endless Frontiers：A Review of the National Nanotechnology Initiative[R]. Washington，D.C.：National Academy Press，2002.

[6] Nanoscale Science，Engineering and Technology Subcommittee，Committee on Technology，National Science and Technology Council. The National Nanotechnology Initiative：Research and Development Leading to a Revolution in Technology and Industry. Supplement to the President's FY 2006 Budget Request[EB/OL].（2005-03-21）[2017-07-05]. https://www.nano.gov/sites/default/files/pub_resource/nni_06budget.pdf.

[7] National Research Council，Division on Engineering and Physical Sciences，National Materials Advisory Board，Committee to Review the National Nanotechnology Initiative. A Review of the National Nanotechnology Initiative[R]. Washington，D.C：National Academies Press.

[8] National Science and Technology Council Committee on Technology Subcommittee on Nanoscale Science，Engineering，and Technology. National Nanotechnology Initiative Strategic Plan. 2014[EB/OL].（2014-02-28）[2017-07-05]. https://www.nano.gov/sites/default/files/pub_resource/2014_nni_ strategic_plan.pdf.

[9] National Science and Technology Council Committee on Technology Subcommittee on Nanoscale Science，Engineering，and Technology. National Nanotechnology Initiative Strategic Plan. 2014[EB/OL].（2014-02-28）[2017-07-05]. https://www.nano.gov/sites/default/files/pub_resource/2014_nni_strategic_plan.pdf.

[10] Subcommittee on Nanoscale Science，Engineering，and Technology Committee on Technology，National Science and Technology Council. The National Nanotechnology Initiative Supplement to the President's 2015 Budget [EB/OL].（2014-03-24）[2017-07-05].https://www.nano.gov/sites/default/files/pub_resource/nni_fy15_budget_supplement.pdf.

[11] Subcommittee on Nanoscale Science，Engineering，and Technology Committee on Technology，National Science and Technology Council. The National Nanotechnology Initiative Supplement to the President's 2015 Budget [EB/OL].（2014-03-24）[2017-07-05].https://www.nano.gov/sites/default/files/pub_resource/nni_fy15_budget_supplement.pdf.

[12] Subcommittee on Nanoscale Science，Engineering，and Technology Committee on Technology，National Science and Technology Council. National Nanotechnology Initiative Strategic Plan 2016[EB/OL].（2015-03-11）[2017-07-05]. https://www.nano.gov/sites/default/files/pub_resource/nni_fy16_budget_supplement.pdf.

[13] Subcommittee on Nanoscale Science，Engineering，and Technology Committee on Technology，National Science and Technology Council. The National Nanotechnology Initiative Supplement to the President's 2017 Budget[EB/OL].（2016-03-31）[2017-07-05]. https://www.nano.gov/sites/default/files/pub_resource/nni_fy17_budget_supplement. pdf.

[14] 欧盟第七科技框架计划（FP7）[EB/OL].[2017-10-15] http://www.e8t.com/wto/warning /31475.html.

[15] 地平线 2020[EB/OL]. [2017-09-15]. http://www.cittc.net/sites/cittc/forumMore2.html.

[16] 欧盟启动石墨烯旗舰研究项目[EB/OL].（2013-12-19）[2017-09-05]. http://www. most.gov.cn/gnwkjdt/201312/t20131218_110932.htm.

[17] 欧盟石墨烯旗舰项目科学家发布最新详细石墨烯科技路线图[EB/OL].（2015-01-20）[2017-10-21]. http://www.xincailiao.com/html/zhuanjia/2014/1013/916.html.

[18] Horizon 2020，Work Programme 2016—2017[EB/OL]. [2017-08-01]. http: //ec.europa.eu/research/participants/data/ref/h2020/wp/2016_2017/main/h2020-wp1617-leit-nmp_en.pdf#page=27.

[19] Finding the nano-needle in the haystack[EB/OL].（2012-08-15）[2017-07-01]. https:// www.forskningsradet. no/prognett-nano2021/Nyheter/Finding_the_nanoneedle_in_the_haystack/1253979295951&lang=en.

[20] 光明日报.德国联邦内阁通过《纳米技术 2020 行动计划》[EB/OL].（2016-12-18） [2017-07-01]. http://www.xinhuanet.com/world/2016-12/18/c_129409250.htm.

[21] 王德生. 英国明确发展四大关键技术领域[EB/OL].（2012-05-04)[2017-07-01]. http://www.istis.sh.cn/list/list.aspx?id=7405.

[22] Department for Business Innovation&Skills. Innovation and Research Strategy for Growth[EB/OL].（2012-05-04）[2017-07-01]. http://www.doc88.com/p-54788361 3623.html.

[23] METI. Strategic Technology Roadmap 2010：Roadmap for Strategic Planning and Implementation of R&D Investment. [EB/OL].（2010-06-14）[2018-12-12]. http://www.meti.go.jp/policy/economy/gijutsu_kakushin/kenkyu_kaihatu/str2010.html.

[24] Cabinet office，Government of Japan. Science and Technology basic plan. [EB/OL].（1996-07-02）[2018-12-12]. http://www8.cao.go.jp/cstp/english/basic/1st-BasicPlan_96-00.pdf.

[25] Cabinet office，Government of Japan，Science and Technology basic plan [EB/OL].（2006-03-28）[2018-12-12]. http://www8.cao.go.jp/cstp/english/basic/.

[26] OECD. Japan's R&D strategy of nanotechnology including Nano-medicine [EB/OL]. [2017-06-09]. http://www.oecd.org/sti/nano/44859900.pdf.

[27] Cabinet office，Government of Japan. The 5th Science and Technology Basic Plan [EB/OL].（2016-01-22）[2018-12-12]. http://www8.cao.go.jp/cstp/english/basic/5thbasicplan.pdf.

[28] Kadtke James. Report of the 2012 NNI Workshop on Regional，State & Local Initiatives in Nanotechnology [C]. Portland，Oregon，2012.

[29] Department of Defense. Defense Nanotechnology Research and Development Program [EB/OL].（2009-12）[2018-12-12]. https://www.nano.gov/sites/default/files/pub_resource/dod-report_to_congress_final_1mar10.pdf.

[30] Center for Research and Development Strategy，Japan Science and Technology Agency. Nanotechnology and Materials R&D in Japan（2015）：An Overview and Analysis [EB/OL].（2016-01）[2018-12-12]. https://www.jst.go.jp/crds/pdf/en/CRDS-FY2015-XR-07.pdf.

[31] 科技部. 科技部关于发布国家重点研发计划纳米科技等重点专项2016年度项目申报指南的通知[EB/OL].（2016-2-16）[2018-06-02].http://www.most.gov.cn/mostinfo/xinxifenlei/fgzc/gfxwj/gfxwj2016/201602/t20160214_124104.htm.

[32] 国务院.国务院关于印发“十三五”国家科技创新规划的通知[EB/OL].（2016-08-08）[2018-06-02].http://www.gov.cn/zhengce/content/2016-08/08/content_5098072.htm.

[33] 新华网. 重磅!“十三五”中国要上100个大项目（名单）[EB/OL].（2016-03-06）[2018-06-02].http://finance.ifeng.com/a/20160306/14252555_0.shtml.

[34] 国务院.国务院关于印发“十三五”国家战略性新兴产业发展规划的通知[EB/OL].（2016-12-19）[2018-06-02].http://www.gov.cn/zhengce/content/2016-12/19/content_5150090.htm.

[35] 发展改革委.发展改革委能源局印发《能源技术革命创新行动计划（2016—2030 年）》[EB/OL].（2016-06-01）[2018-06-02].http://www.gov.cn/xinwen/2016-06/01/content_5078628.htm.

[36] 发展改革委.国家发展改革委关于印发《可再生能源发展“十三五”规划》的通知[EB/OL].（2016-12-10）[2018-06-02].http://www.ndrc.gov.cn/zcfb/zcfbghwb/201612/t20161216_830269.html.

[37] 赵雨，李惠，关雷雷，等. 钙钛矿太阳能电池技术发展历史与现状[J]. 材料导报，2015，29（11）：17-21，29.

[38] 王森，郑双好，吴忠帅，等. 石墨烯基平面微型超级电容器的研究进展[J]. 中国科学：化学，2016，46（8）：732-744.

[39] 宣益民. 纳米流体能量传递理论与应用[J]. 中国科学：技术科学，2014，44（3）：269-279.

[40] 赵宁波，郑洪涛，李淑英，等. Al_2O_3-H_2O 纳米流体的热导率与粘度实验研究[J]. 哈尔滨工程大学学报，2018（2）：1-8.

[41] 陈志敏，荣训，曹广忠. 纳米发电机的研究现状及发展趋势[J]. 微纳电子技术，2016，53（1）：36-42，53.

[42] 王中林. 纳米发电机作为可持续性电源与有源传感器的商业化应用[J]. 中国科学：化学，2013，43（6）：759-762.

[43] 姜颖. 基于超顺排碳纳米管的锂硫电池研究[D]. 北京：清华大学，2015.

[44] 秦海超，燕映霖，杨蓉，等.高性能锂硫电池正极复合材料研究现状[J]. 电源学报：1-10.

[45] 梁春杰. 纳米光伏材料的制备及光电性能研究[M]. 南宁：广西大学，2013.

[46] 王海蓉. 纳米结构太阳电池研究现状及发展分析[J]，电源技术，2013，37（12）：2250.

[47] 张博. 纳米光伏技术的现状与发展[J]. 科技创新与生产力，2011（8）：23-25.

[48] 任学佑. 纳米储氢电极材料发展现状[J]. 电池，2002，32（2）：113-116.

[49] 全面解析纳米硅碳负极材料技术[EB/OL].（2017-10-20）[2017-10-30].http:

//www.cbea.com/hydt/201710/335550.html.

[50] 张熊，马衍伟．纳米电极材料在高性能超级电容器中的应用进展[J]. 新材料产业，2011（4）：16-21.

[51] 陈志敏，荣训，曹广忠. 纳米发电机的研究现状及发展趋势[J]. 微纳电子技术，2016，53（1）：36-42，53.

致　谢

中国科学院文献情报中心刘细文副主任在本书的选题阶段给出了宝贵的意见；中国科学院文献情报中心谭宗颖研究员、胡智慧研究员，中国科学院北京纳米能源与系统研究所李从举研究员，中国科学院半导体研究所游经碧研究员，国家纳米科学中心周二军研究员在本书的框架设计阶段给予了建设性的意见；中国科学院大连化学物理研究所梁兵连同学、陈孝东同学、杨晓丽同学、张亚茹同学，中国科学院北京纳米能源与系统研究所袁祖庆同学帮助进行了专利数据的判读分类工作；中国科学院文献情报中心王丽老师，国家农业图书馆马晓敏老师，中国科学院大连化学物理研究所苏雄老师、樊斯斯老师为项目顺利实施提供了帮助。

在此向以上专家、老师、同学的指导和支持表示衷心感谢。

电子工业出版社徐蕾薇编辑对本书的顺利出版付出了辛勤的劳动，在此致以诚挚的谢意。

反侵权盗版声明

举报电话：（010）88254396；（010）88258888

传　　真：（010）88254397

E-mail：　dbqq@phei.com.cn

通信地址：北京市万寿路 173 信箱

电子工业出版社总编办公室

邮　　编：100036